Vitus B. Dröscher
Mich laust der Affe

Vitus B. Dröscher

Mich laust der Affe

»Fabelhafte« Redensarten
aus der Welt der Tiere

mit Zeichnungen
von Wilhelm Eigener

Econ Verlag
Düsseldorf – Wien

1. Auflage 1981

Gesetzt aus der Garamond der Linotype GmbH.
Satz: Satzzentrum West, Dortmund
Papier: Papierfabrik Schleipen GmbH, Bad Dürkheim
Druck und Bindearbeiten: Richterdruck, Würzburg
Printed in Germany
ISBN 3 430 121930

Inhalt

1 Der Elefant im Porzellanladen

So stellt man sich das also vor: Die Tür zu einem Porzellanladen geht auf, und ein Elefant kommt herein. Selbstverständlich fällt er gleich krachend mit der Tür ins Haus. Der erste Rüsselschwung fegt die Auslage klirrend auf den Boden. Dann walzt der Koloß auf eine Pyramide aus zweihundert Keramikbechern zu, setzt sich mit seinem dicken Hintern hinein und verwandelt sie binnen einer Sekunde scheppernd in einen Scherbenhaufen, während er mit der Stirn ein Regal mit kostbaren chinesischen Vasen umstürzt.

Das ist das Symbol für einen dicken Trampel, der überall, wohin er kommt, ohne Gefühl für die Werte der Dinge gar nicht anders kann als alles kaputtzumachen: eben ein Elefant im Porzellanladen.

Als Ende der zwanziger Jahre der Zirkus Hagenbeck in Köln gastierte, fiel dem Werbechef, dem kürzlich verstorbenen famosen Günter Niemeyer, folgender Reklamegag ein: Im Beisein zahlreicher Pressefotografen wurde eine indische Elefantenkuh tatsächlich in einen Porzellanladen der Innenstadt geführt. Ehrlicherweise gab Günter Niemeyer später zu, daß er vorsichtshalber nur billigstes Steingut in dem Geschäft hatte aufstellen lassen.
Doch nun geschah, was jeder Elefantenkenner nicht anders erwartet hatte: nämlich gar nichts!
Das gewaltige Tier federte zwar massig, aber enorm elastisch über die Dielenbretter und brachte es mit erstaunlichem Raumgefühl fertig, weder mit den Beinen noch mit dem Rüssel oder dem Hinterteil auch nur ein Regal zu berühren. Sogar über drei Kaffeekannen, die man ihm absichtlich in den Weg gestellt hatte, stieg es mit äußerster Behutsamkeit hinweg.
Wenn man sich also an Tatsachen hält, darf man nur dann behaupten, ein Mensch benähme sich wie ein Elefant im Porzellanladen, wenn dieser ebenso gewaltig wie zartfühlend ist, wenn er zwar alles mit einem Ruck zerstören könnte, aber trotzdem die Feinsinnigkeit besitzt, alles wohlbehalten zu hinterlassen.
Ich habe mich bemüht, einmal herauszufinden, wann und warum den Sprücheklopfern diese infame Elefantenbeleidigung in den Sinn gekommen ist. Wahrscheinlich geht sie zurück auf die berüchtigte »Münchner Elefantenpanik« am 31. Juli 1888.
Damals wurde in der bayerischen Hauptstadt ein großes Volksfest gefeiert, und in einem Festzug auf der Ludwigstraße mußten auch sechs Elefanten mitmarschieren. Keiner dachte an etwas Schreckliches, bis in der Nähe des Odeonsplatzes im Gegenzug ein riesiger Pappdrachen vorüberkam

und genau in dem Augenblick, als er den Elefanten begegnete, Feuer aus der Nase schnaufte.
Die gewaltigen Tiere rissen sich los, trompeteten schrill vor Entsetzen und rannten die Straße entlang in Richtung Innenstadt. Die Menschenmenge geriet in Panik, und es spielten sich unbeschreibliche Szenen ab.
Die fliehenden Massen stürzten übereinander, Kinder wurden umgerissen und von ihren Eltern getrennt. Die Zahl der Knochenbrüche stieg in die Hunderte. Leider waren auch sieben Tote zu beklagen. Doch was richteten nicht die Menschen, sondern die Elefanten in direkter Aktion an?
Ein Passant wurde von einem Tier auf die Schuhe getreten und hatte seither einen Plattfuß. Ein Soldat vom Leibregiment bewährte sich als »Jung Siegfried« und stach einem Elefanten mit dem Seitengewehr in den Rüssel. Daraufhin schleuderte ihn der Dickhäuter mit eben diesem Rüssel in die flüchtende Menschenmenge. Schaden: ein paar blaue Flecke.
Ein dritter Elefant brach bei dem Versuch, an den Menschen vorbei und an der Häuserwand entlangzulaufen, durch den morschen Fußboden eines Milchladens in den Keller und wirbelte dort alles durcheinander. Wenn man so will, war dies wohl der Prototyp des »Elefanten im Porzellanladen«, der also ein Milchladen war.
Ein vierter Elefant, und dieses Ereignis ist ebenfalls in den Annalen der Stadt München amtlich dokumentiert, begab sich direkt ins Hofbräuhaus. Die Gäste schauten sprachlos von ihren Maßkrügen auf ... und blieben alle stumm sitzen. Der im Grunde sich in höchster Angst befindende Dickhäuter dachte wohl: »Vorsicht ist die Mutter der Porzellankiste« und lief langsam und bedächtig an den Tischreihen entlang und wieder dem Ausgang entgegen, ohne auch nur eine Bank umzukippen oder eine Maß vom Tisch zu fegen.

Dies Erlebnis muß so beruhigend auf ihn gewirkt haben, daß er gleich darauf von seinem Wärter an die Hand genommen und in den bereitstehenden Zirkuswagen geführt werden konnte.
Dieses Tier benahm sich also gar nicht wie ein »Elefant im Porzellanladen«, und mir bleibt unerfindlich, warum man nicht dieses zum Vorbild des Sprichworts gemacht hat, sondern jenes bedauernswerte andere Tier, das in den Milchkeller gestürzt war und dort begreiflicherweise so lange wütete, bis es erschossen wurde. Aber das hängt wohl mehr mit der menschlichen Vorurteilskraft zusammen, der gegenüber Tatsachen machtlos sind.
Menschen und Elefanten gerieten in Panik. Das kann vorkommen. Aber insgesamt zeigte sich, daß die Elefanten selbst in solchen Situationen mehr Übersicht behielten als viele Menschen. Wären sie ebenfalls völlig kopflos und blind-rasend mitten in die Menschenmasse hineingewalzt, hätte es, wie einst bei Hannibal, Hunderte von Toten gegeben.
Das sollte man diesen Tieren eigentlich nie vergessen.

2 Hunde, die bellen, beißen nicht

In der Nähe meines Elternhauses, im Hof einer landwirtschaftlichen Versuchsanstalt, war ein großer schwarzer Schäferhund angekettet, der nahezu den ganzen Tag von früh bis spät bellte.

Einmal war zu uns eine resolute Tante zu Besuch gekommen, die mir damals fünfjährigem Jungen den »richtigen Umgang mit Hunden beibringen« wollte. »Mich beißt der Bonzo bestimmt nicht«, tönte sie, »denn Hunde, die bellen, beißen nicht. Und außerdem bin ich tierlieb.«

Aus sicherer Entfernung erlebte ich dann mit, wie der Wachhund über die gute Frau herfiel, wie sie sich mit letzter Kraft aus dem Kettenhalbkreis rettete und hernach ins Krankenhaus eingeliefert wurde. Schon damals begann ich an der

Richtigkeit des Sprichworts »Hunde, die bellen, beißen nicht« erheblich zu zweifeln.
Andererseits erzählt Nobelpreisträger Professor Konrad Lorenz eine Geschichte mit umgekehrter Tendenz. Seinerzeit ging er alltäglich mit seinem Hund spazieren. Alltäglich kamen sie auch an einem eingezäunten Garten vorbei, in dem ein anderer Hund wohnte, und alltäglich begann immer das gleiche Bell-Zeremoniell.
An der ersten Ecke standen sich beide zähnefletschend gegenüber und kläfften und knurrten sich mit solch rasender Wut an, daß man meinte, nur der sie trennende Zaun verhindere, daß Fleisch zerfetzt würde. Dann sausten beide Hunde Seite an Seite am Zaun entlang bis in die andere Ecke, um sich dort so lange ebenso barbarisch anzublaffen, bis Herrchen vorübergegangen war.
Eines Tages wurde der Zaun erneuert und war im hinteren Teil schon niedergelegt worden, als Konrad Lorenz mit seinem Hund daherkam. An der ersten Ecke fand das Bellduett wieder wie üblich statt. Dann sausten beide los in die andere Ecke, wollten sich anbellen, merkten aber jetzt erst, daß hier gar kein Zaun mehr stand. Das Bellen blieb beiden in der Kehle stecken. Verdutzt starrten sich beide an und ... sausten zurück hinter den Rest des Zaunes, wo die Bellerei in alter Frische weiterging.
Wahrhaftig, in dem Augenblick, als beide Tiere endlich einmal Gelegenheit hatten, sich richtig beißen zu können, liefen sie schnell dorthin zurück, wo sie wieder mit ungetrübtem Genuß bellen und sich bestimmt nicht beißen konnten.
In diesem Fall traf das Sprichwort also den Nagel auf den Kopf, während es im ersten Beispiel eine Lebensweisheit verkündete, die unter Umsänden hätte zum Tode führen können. Wo liegt hier nun die Wahrheit?

Mit der Redensart soll ja eigentlich zum Ausdruck gebracht werden, daß Menschen, die laut schimpfen, brüllen und schreien, im Grunde Papiertiger sind: im Wort bedrohlich, in der Tat harmlos.

Aber denken wir einmal an die blutrünstigsten Zeiten der Weltgeschichte, so finden wir schon bei den homerischen Helden im Trojanischen Krieg, daß den stimmgewaltigen Schimpftiraden zur Verhöhnung des Feindes stets ein mörderisches Gemetzel folgte. Und so ziehen sich Fluch und Totschlag durch die Jahrtausende hin bis zu Hitler und den Nazis, wahrhaft proletarischen Schreihälsen, die dann aber auch gebissen haben, und das nicht nur in den Teppich.

Andererseits gibt es auch unter uns Menschen großsprecherische Typen, uns mit Drohungen einschüchternde Schandmäuler, die sich sofort kleinlaut zurückziehen, wenn man ihnen nur etwas Widerstand entgegensetzt.

Hier geht es also den Menschen wie den Hunden: Teils beißen Beller, teils beißen sie aber auch nicht. Der Wert des Sprichworts als verläßliche Lebensregel ist damit allerdings dahin.

Was bleibt, ist eine reine Zustandsbeschreibung etwa in dem Sinne: »Dieser Typ da, das ist so einer, der immer nur das Maul aufreißt, aus dem aber gleich die Luft rausgeht, wenn man ihm nur eine Stecknadel zeigt.«

Umgekehrt ist alles ebenso zweideutig: Hunde, die nicht bellen, beißen ganz empfindlich ... manchmal, manchmal aber auch nicht.

Hinter der als Anhaltspunkt zur besseren Menschenkenntnis also völlig unbrauchbaren Redensart erhebt sich die Frage: »Wann beißen bellende Hunde, und wann beißen sie nicht?« Und damit wird es schon so kompliziert, daß sich das Problem jeglicher sprichwortartigen Kurzfassung entzieht.

Deshalb hier nur ein paar Tips: Das Bellen kann beim Hunde eine ernstgemeinte Warnung sein oder das Bestreben, den Gegner schon vor dem Kampf moralisch kleinzukriegen, ihm Angst einzujagen, um im Duell leichteres Spiel zu haben, oder aber reine Angabe. Leider haben auch im Tierreich Angeber so viele Erfolgserlebnisse mit ihrem Bluff, daß sie es immer wieder damit versuchen. Diese dritte Gruppe ist die einzige, bei der das Sprichwort recht behält.

Aber welcher Hund blufft nur, wenn er blafft, und welcher meint es wann todernst? Das wissen mitunter nicht einmal die Hunde untereinander. Es ist die Hauptursache der meisten Beißereien auf der Straße. Um dies genau voraussagen zu können, muß man mit dem Betreffenden bereits einschlägige Erfahrungen gemacht haben, böse oder entlarvende. Man muß also seine »Pappenheimer« gut kennen.

Ein wütend bellender Kettenhund ist so neurotisch und überaggressiv, daß er in jedem Fall beißt und tötet, wenn er kann. Daß jenes Bellduell am nicht mehr vorhandenen Zaun so harmlos verlief, lag nur am Schoßhundcharakter der beiden Tiere. Wären sie oder wäre nur einer von ihnen ein raubzeugscharfer Jagdhund gewesen, hätte es einen Toten gegeben – trotz des Gebells zuvor.

3 Da werden Weiber zu Hyänen

Aus siebzig fanatisierten Kehlen schallte schauriges Heulen und höllisches Gelächter in die Finsternis der afrikanischen Nacht: das Schlachtgeschrei zweier Hyänenrudel, die sich auf Tod und Leben bekämpften. Am anderen Morgen lagen zwölf total zerfleischte Leichen auf dem Schlachtfeld.
Dieser Vorfall scheint das Schiller-Sprichwort von den Weibern zu bestätigen, die zu Hyänen werden, zu hemmungslosen, blutgierigen, rasenden Bestien nämlich.
Doch der Nachdenkliche stutzt: Wird denn nicht oft genug auch die »feige Hyäne« im Sinne des ekligen Aasfressers als Redensart gebraucht? Wenn Weiber zu Hyänen werden, wandeln sie sich doch nicht zu feigen Aasfressern!
Hier haben wir den seltenen Fall, daß sich zwei zu gemein-

plätzen gewordene Vorurteile widersprechen. Was stimmt denn nun eigentlich?
Beobachten wir einmal das Tüpfelhyänenmännchen »Drakula«. Aasfresser ist es nur an jenen Tagen, wenn eine Rotte in mehreren Nächten zuvor keinen Erfolg bei der Jagd hatte. Dann treibt es der bohrende Hunger aus seinem Erdbau, und es stromert auf der Steppe umher, um irgend etwas Freßbares aufzutreiben.
Einmal mußte Drakula erst fünf Geier vertreiben, die sich an einem wohl schon fünf Tage alten Warzenschwein-Kadaver gütlich taten. Das Aas wimmelte von Maden, war dick aufgedunsen und stank wie die Pest. Aber eine Hyäne zieht sich beim Genuß derart vergammelter Nahrung keine Fleischvergiftung zu, weil sie über eine Magensäure verfügt, die schon eher als konzentrierte Salzsäure zu bezeichnen ist und alles, auch dicke Knochen, binnen kurzem verflüssigt.
Hyänen sind also durchaus Aasvertilgungs-Spezialisten. Das soll nicht abwertend gemeint sein, schließlich sind wir Menschen ja auch Aasesser, von Jägern und Metzgern einmal abgesehen. Aber sind Hyänen auch feige?
Zwei Wochen später streifte Drakula wiederum tagsüber mit knurrendem Magen umher und muß wohl kurz vor dem Verhungern gewesen sein. Da stieß er hinter einem Buschdikkicht auf zwei Löwinnen, die ein Gnu gerissen hatten. In zwanzig Meter Abstand blieb Drakula stehen und jaulte mit Sirenenlautstärke in die flimmernde Mittagshitze.
Kurz darauf trabten achtzehn seiner Rudelkumpane herbei. Sie schlossen einen Kreis um die beiden Löwinnen und rückten zähnefletschend, knurrend und mit gesträubter Nackenmähne langsam und bedrohlich näher.
Erfahrene Löwen wissen, daß sie es nicht riskieren dürfen, von einer Hyäne gebissen zu werden. Was sie selbst nicht fer-

tigbringen, schaffen nämlich die Hyänen. Ihr Gebiß ist so stark, daß sie einen Elefantenknochen total zermalmen können. Ein einziger Biß bedeutet schon Beinbruch. Und Beinbruch bedeutet in der Wildnis den Tod. Also zogen es die beiden Löwinnen vor, fluchtartig zu verschwinden.
Löwen, deren angeblicher Mut sprichwörtlich ist, reißen also vor den vermeintlich so feigen Hyänen aus!
In der Nacht aber zeigen diese Tiere erst vollends ihr wahres Gesicht. Dann versammeln sie sich wie Wölfe zu gefährlichen Räuberbanden, die ganze Herden von Zebras, Gnus oder Antilopen angreifen, um sich ein Tier herauszuholen, zu töten und mit Haut und Haar zu verschlingen.
Dabei herrschen Jagdgesetze, die ebenso ritterlich wie barbarisch sind. Drakulas Rudel hatte sich mit vier benachbarten Hyänenrudeln zu einem sogenannten Clan verbündet. Innerhalb dieser Clans kennen sich alle Tiere. Freundschaft und gegenseitige Hilfe sind im Clan höchstes Gebot.
Nur selten bekam Drakula Streit mit einem seiner Kumpane. In diesem Fall verlangen es die Anstandsregeln der Hyänen, daß nur gedroht wird. Weil jeder Beißkampf unweigerlich tödliche Folgen hätte, verzichten die Hyänen innerhalb ihrer Gemeinschaft auf jede Gewaltanwendung.
Echte Kameradschaft statt furienhafter Selbstzerfleischung, so sieht die Wirklichkeit aus – allerdings nur innerhalb eines Clans.
Einmal jagte Drakulas Rudel in mondheller Nacht hinter einer Zebraherde her. Im Eifer der Verfolgung überschritten sie die Grenze ihres »Staatsgebietes«, drangen in Feindesland ein und sahen sich plötzlich einer Schlachtreihe von 35 Hyänen fremder »Nationalität« gegenüber.
Das ist genau die Situation, in der sich Hyänen auch nicht besser verhalten als Menschen, die Krieg führen.

Das schaurige Heulen und das höllische Gelächter hatte ich schon zu Anfang beschrieben. Schlagartig fielen alle Beißhemmungen. Vergessen waren alle Regeln zu Friedfertigkeit und Verschonung des Gegners. Nun fielen die Hyänen tatsächlich übereinander her wie »Weiber, die zu Hyänen werden«. Das Ergebnis: zwölf Tote!
Während wir also die Redensart von den feigen Hyänen getrost zum literarischen Schrotthaufen werfen können, findet Schillers Wort in der modernen Verhaltensforschung seine ebenso glänzende wie grausige Bestätigung.

4 »Spaßvögel« wider den »tierischen Ernst«

Im Zoo von Rom lebt ein männlicher Gorilla mit solch erschreckender Muskulatur, daß ein preisgekrönter Bodybuilder gegen ihn wie ein Schwächling wirkt. Seine Lieblingsbeschäftigung sind derbe Späße mit dem Publikum, das oft dichtgedrängt vor seinem Käfig steht.

Geradezu provokativ lehnt er sich mit seinem breiten Rücken an das Gitter. Bald darauf können es einige Besucher nicht lassen, den Gorilla am Fell zu zupfen. Dann plötzlich, im Bruchteil einer Sekunde, springt der Fünf-Zentner-Riese auf und wirft sich herum in King-Kong-Drohstellung mit gefletschten Zähnen und gesträubtem Fell und brüllt, daß Tarzans Ruf dagegen wie Babyplärren klingt.

Unwillkürlich stiebt die Menschenmenge mit Schreckensjuchzern an die fünf Meter weit nach hinten, ehe den Leuten einfällt, daß der Gorilla ja gar nicht aus seinem Käfig heraus kann. Der steht nun in prahlerischer Athletenpose da und grinst breit ... und setzt sich wieder mit dem Rücken gegen das Gitter, um die nächsten Besucher so herrlich schön zu erschrecken.

Andere Zooaffen machen sich einen Spaß daraus, Besuchern, die sie füttern wollen, die Brille von der Nase zu reißen, damit zum Wassergraben zu laufen und das Ding erst dann hineinzuwerfen, wenn ihnen der Aufschrei des Brillenbesitzers Gewißheit verschafft, daß ihre Schelmerei auch ein »dankbares« Publikum gefunden hat.

Schimpansen kitzeln sich im Spiel unter den Fußsohlen und kichern dann richtig los.

Unser Spaniel »Snoopy« pflegte, wenn er merkte, daß ich gute Laune hatte, mir die Hausschuhe nicht zu bringen, sondern sie zu verstecken. Je verkehrter der Ort war, an dem ich suchte, desto vehementer wedelte das Stummelschwänzchen. Es machte ihm Spaß, mich an der Nase herumzuführen.

Jeder Freund eines temperamentvollen Hundes wird Ähnliches berichten können. Affen sitzt der Schalk stets im Nakken, Delphine pflegen sogar eine feinere Art von Humor, Elefanten sind zuweilen richtige Witzbolde, und unter Vögeln gibt es tatsächlich so manchen »Spaßvogel«.

So weiß ich beim besten Willen nicht, wieso der Ausdruck vom »tierischen Ernst« überhaupt entstehen konnte. Haben seine Schöpfer vielleicht nur eine Kuh gekannt? Oder hielten sie etwa einen Tiger für »tierisch ernst«, ohne ihn und seine lustig-verspielte Kindheit zu kennen? Jedenfalls müssen die Sprichwortpräger selbst so ernst gewesen sein, daß sie den Spaß bei Tieren nicht verstanden.

Zum Glück widerlegt hier schon ein Sprichwort das andere,

nämlich das vom »Spaßvogel« das vom »tierischen Ernst«. Allerdings ist es meist eine recht grobe Art von Scherz, die Tiere untereinander oder mit dem Menschen treiben. Es ist mehr ein Zufügen geringen Schadens mit dem Zweck, die anschließende Schadenfreude genießen zu können: ein »Schlagsahne-ins-Gesicht-werfen-Humor«!

Der Züricher Professor Heinrich Hediger beobachtete kürzlich in Kenia, wie ein Elefant, der am Rande einer zwanzigköpfigen Herde weidete, auf einen dicken Hornraben aufmerksam wurde, der behäbig aufgeplustert auf einem Ast saß. Langsam walzte der Jumbo näher, richtete seinen Rüssel genau auf den Vogel und prustete ihn mit einem heftigen Luftstoß von seinem Sitz.

Ein andermal sah er, wie Impala-Antilopen unter einer Schirmakazie weideten, auf der im Geäst einige Meerkatzen spielten. Plötzlich hüpfte solch ein übermütiger Affe auf den Rücken einer Antilope. Vor Schreck ging diese mit einem Zwölfmetersprung förmlich in die Luft, das Gekreisch und Gejohle der Affenhorde im Baum hinter sich lassend.

Regelrechte Clowns unter den Vögeln sind die Keas, also die in Neuseeland lebenden Nestorpapageien, die sich gern in Banden zusammenrotten und Unfug treiben.

In friedlicher Abendstimmung ist es meist ein Einzeltier, das vor den anderen eine richtige Schau abzieht. Das sieht zum Beispiel so aus: Auf einer Steinplatte beginnt der »Spaßvogel« mit einem halbminütigem Kopfstand. Sobald er das Gleichgewicht verliert, schlägt er einen Purzelbaum und bleibt platt auf dem Rücken liegen.

Dann erhebt er sich mit clownhaft anmutenden Bewegungen, springt ins Wasser und führt dort ein Einmannballett auf mit Tauchen, Pirouettendrehen und Rückenschwimmen, vor allem aber mit viel Planschen und Spritzen. Wenn ihm etwas besonders drollig gelungen ist, hüpfen die zuschauenden Keas vor Begeisterung beidbeinig immerzu auf und nieder. Besonders bemerkenswert erscheint mir hierbei, daß diese Art von Witz bereits einen höheren Grad erreicht: Statt andere lächerlich zu machen, spielt der betreffende Vogel selber den dummen August, damit andere ihr Vergnügen an ihm haben.

Noch feiner und verschmitzter gestalten Delphine ihre humoristischen Einlagen. Das beweist die Geschichte des Delphinkindes »Dolly«, die ich in meinem Buch »Ein Krokodil zum Frühstück« erzählt habe. Hier finden wir bereits eine höhere Form des Spaßes.

Aber auch das, was manche Hunde an Verschmitztheit leisten, steht dem kaum nennenswert nach. Das zeigt das Beispiel des Dackels »Hubert«, der gleichsam mit geistigen Waffen ein ständiges, überaus gewitztes »Rechthabe-Duell« gegen seinen Herrn, den gutmütigen Professor Arthur Krause, führte.

Im Januar 1981 kam der siebzehnjährige Sohn des Forschers vom Skiurlaub mit einem dicken Gipsverband ums rechte Bein wieder nach Hause. Sogleich drehte sich alles nur noch um den Bandagierten. Er durfte sich sogar in den Polstersessel setzen, der sonst nur dem Professor vorbehalten war.

Anderntags lag plötzlich Hubert behäbig auf eben diesem Sessel, obwohl der Hund genau wußte, daß dies streng verboten war. Vater Krause schüttelte energisch das Schlüsselbund: eine Warnung an den Hund, daß er mit ihm gleich sehr böse werden würde.

Da sprang Hubert auf den Teppich, humpelte zum Gotterbarmen, indem er sein linkes Hinterbein nachschleppte – genauso wie der Sohn seines Herren. In diesem Augenblick wurde auch noch ein »Gipsverband« sichtbar. Hubert hatte

Toilettenpapier mit Spucke angefeuchtet und um sein Hinterbein geklebt – allerdings nicht um das linke, mit dem er lahmte, sondern um das rechte.
Wie zur Demonstration, so durchhumpelte Hubert nur einen kleinen Kreis. Während der Professor mühsam versuchte, sich von seiner Verblüffung zu erholen, sprang der Dackel wieder auf den Polstersessel und bellte nur einmal kurz: »Wau – Ich habe gesprochen!«
Da rede mir nochmal einer von tierischem Ernst!

5 Der muß alles nachäffen

Am Abend zuvor hatten Forscher dem Schimpansen »John« im Zoo von Chicago ein Fernsehgerät in den Käfig gestellt. Sie wollten testen, wie der Menschenaffe auf die Vorführung eines Brutalkrimis reagierte.
Eintragung im Protokoll: »Das Tier scheint sich überhaupt nicht für das Geschehen auf dem Bildschirm zu interessieren. Selbst bei den turbulentesten Radauszenen schaute es gelangweilt in andere Richtungen oder spielte lieber mit der Affenschaukel.«
Als am Morgen darauf der Wärter kam, um den Käfig zu reinigen, schaute er wie üblich erst durch das Guckloch in der Eisentür, konnte John aber nicht entdecken. Daraufhin öffnete er arglos die Tür und trat ein. Der Schimpanse steckte

aber hinter der herumgeschwenkten Tür, just so wie ein Gangster im Krimi des vergangenen Abends, haute dem Wärter einen Stock über den Kopf und entschwand in Richtung Freiheit.
Dieses Erlebnis offenbart gleich zwei Dinge: einmal die Tatsache, in welch erstaunlicher Weise Schimpansen die Handlungen des Menschen auch vom Fernsehschirm nachäffen können; und zum anderen, daß erwachsene Tiere, wenn sie durch Zuschauen lernen, gar nicht so gespannt hinschauen, wie es ein Lehrer von seinen Schülern verlangt. Ein Schimpanse findet das unter seiner Würde. Deshalb beobachtet er mehr aus den Augenwinkeln heraus, erfaßt dabei aber trotzdem jede Einzelheit.
Es besteht also gar kein Zweifel, daß Affen Handlungen, die sie bei anderen sehen, vortrefflich nachäffen können. Soweit trifft die Redensart vom »Nachäffen« durchaus zu. Dennoch stört mich etwas Entscheidendes ganz erheblich. Das ist der geringschätzige Unterton.
Sagt man: »Der muß alles nachäffen!«, so meint man im üblichen Sprachgebrauch: »Dieser alberne Kerl kann wirklich nichts weiter, als alles, was andere leisten, nur in unzureichender Weise nachzumachen!« Oder aber: »Dieser Clown muß alles durch sein Possenspiel ins Lächerliche ziehen!« Es liegt ein gewisser Doppelsinn in dem Wort. Aber beide Anspielungen treffen ins Leere.
Die Redensart stammt aus der alten Jahrmarkt- und Schaubudenzeit. Damals zogen Scharlatane ihren Affen, meist Kapuzinern oder Meerkatzen, Menschenkleidung über den Leib und dressierten sie zu allerlei menschenähnlichen Gebärden und Grimassen, die beim Publikum regelmäßig Lachsalven auslösten.
Das für Gottes Geschöpf hierbei so Entwürdigende wurde

nur wenigen bewußt. Wer war denn hier eigentlich der Depp: der seiner Freiheit beraubte Affe, der zur lächerlichen Figur entstellt wurde, oder derjenige, der dies Verbrechen an der Kreatur beging?
Ein gewisses schauspielerisches Talent der Affen kam dabei den Jahrmarktschreiern entgegen. Professor Bernhard Grzimek lebte viele Jahre lang mit einem Schimpansen zusammen in seiner Wohnung. Das Tier hatte ein inniges Verlangen, alles, was die Menschen taten, nachzuahmen.
Sah es des morgens, wie sich die Grzimeks die Zähne putzten, beschmierte es sich prompt das ganze Gesicht mit weißer Zahnpasta. Beim Saubermachen nahm der Schimpanse Frau Grzimek ruhig, aber unnachgiebig den Staubsauger aus der Hand und fuhr damit kreuz und quer in der Wohnung umher, allerdings ohne dabei allzu viel Schmutz zu beseitigen. Auf zu erzielende Sauberkeit kam es ihm auch gar nicht an. Welcher Schimpanse reinigt von Natur aus schon den Urwaldboden! Viel wichtiger war ihm das Gehabe, daß er so tat, als sei er auch ein Mensch. Es befriedigte seinen Geltungstrieb.
Überall dort, wo eine Tätigkeit aber im unmittelbaren Zusammenhang mit der Kunst des Überlebens in freier Wildbahn steht, wo der Schimpanse also den Sinn erkennen kann, wendet er seine Fähigkeit zum Nachäffen auch sinnentsprechend an.
Weltberühmt wurden die Beobachtungen an den japanischen Rotgesichtsaffen. Forscher wurden Augenzeugen, wie innerhalb einer siebzigköpfigen Horde ein junges Weibchen namens »Imo« die Erfindung machte, Süßkartoffeln nach dem Ausgraben aus der Erde und vor dem Verspeisen in einem See zu waschen. So schmeckte die Knolle viel besser als im verdreckten Zustand.

Bald bemerkten die anderen Affen dies sowie Imos Wohlbehagen beim Schmausen und äfften ihr das nach. So verbreitete sich die neue »Eßkultur« von Tier zu Tier. Allerdings lernten es nur Kinder und Weibchen. Die älteren Männchen waren offenbar viel zu stolz oder zu stur, Erfahrungen von minderjährigen Weibchen anzunehmen. Beim Menschen soll das ja ähnlich sein.

Im Nachäffen der Erfindung Imos haben wir nichts Geringeres vor uns als die Fähigkeit, neue Errungenschaften von anderen zu übernehmen. Das ist also gar nichts Lächerliches, sondern eine erstaunliche vormenschliche Leistung, die schon einen gewissen Fortschritt ermöglicht.

Affenmädchen äffen ebenfalls das Gehabe ihrer Mutter nach. Ist diese in der Horde ein hohes Tier, benimmt sich auch die Tochter entsprechend hochnäsig. Da auch diese Tiere sich mehr nach ihren Allüren als nach der sachlichen Leistung einschätzen, wird die »höhere Tochter» auch bald in führende Stellungen aufsteigen, obgleich andere stärker und begabter sind als sie. So entsteht durch Nachäffen bereits eine Art von Affen-Aristokratie.

Wenn ein Schimpanse dem anderen zuschaut, wie dieser sich vergeblich abmüht, an eine Frucht heranzukommen, versucht er, ihm zu helfen. Mitunter schaffen es dann beide. Hier liegen im Nachäffen also die Anfänge der Teamarbeit.

Folglich verachte man mir die Affen nicht. Ein Professor, der das Buch eines anderen Professors liest, um auf dessen Erkenntnissen eigene Forschungen aufzubauen, tut im Prinzip auch nichts anderes als nachzuäffen.

6 Mich laust der Affe

»Jetzt werden Sie gleich was Tolles erleben.« Mit diesen Worten stieg Dr. Adriaan Kortlandt durch die Gittertür in den Schimpansenkäfig des Zoos von Amsterdam und krempelte sich die Ärmel hoch. »Boogy«, ein muskulöses Männchen, kam sofort herbei, verbeugte sich untertänigst, setzte sich brav an die Seite des Affenforschers und begann, ihn zärtlich zu lausen.

Nun besitzt der Mensch an den Armen ja kaum noch Haare. Aber das störte den Schimpansen nicht im geringsten. Er tat genauso, als säße da ein dichter Pelz, teilte mit pinzettenartig gehaltenen Fingern den nicht vorhandenen dichten Haarwuchs, suchte mit Lupenblick nach ebensowenig existierenden Läusen und Hautschuppen, entfernte sie in vollendeter

Pantomime und steckte sich die nur in seiner Einbildung bestehenden »Leckerbissen« in den Mund.
Da konnte Dr. Kortlandt mit Fug und Recht sagen: »Mich laust der Affe!«
In der Umgangssprache gebrauchen wir diese Redewendung, wenn wir sagen wollen: »Mir passiert etwas ganz Verrücktes, etwas, das es eigentlich gar nicht gibt, weil es das Gegenteil vom normalerweise Erwarteten ist.« Oder: »Wenn es so etwas gibt, muß ich wohl ein Affe sein!«
Wie das jederzeit wiederholbare Experiment des holländischen Zoologen beweist, kann es aber doch geschehen, daß ein Affe einen Menschen laust. Allerdings tun Schimpansen, Gorillas, Orang-Utans, Paviane und viele andere Affen dies nur mit jenen Menschen, die ihre engsten Freunde sind, die sie also mithin doch für eine Art »nackten Affen« halten.
Was hat dieses Lausen eigentlich für eine Bedeutung?
Die Zeiten sind gar nicht so lange her, da diese Tätigkeit von Affen wie von Menschen gleichermaßen geübt wurde, wobei sich unsere Vorfahren allerdings nur auf das Kopfhaar beschränkten, in dem sich früher Kopfläuse in stattlicher Zahl einzunisten pflegten.
Sogar heute noch flackern Läuse-Epidemien immer wieder auf, wie 1971 in den Slums von New York oder 1977 im Landkreis Cottbus, DDR.
Aber nun vergleiche man einmal die Tätigkeit des Lausens bei den Affen mit jener der DDR-Suchtrupps, bestehend aus je einem Lehrer, Arzt und SED-Funktionär sowie fünf Aktivistinnen, die ganze Klassen, Kindergärten, Hausgemeinschaften, Kollektive und Belegschaften buchstäblich durchgekämmt haben.
Hier eine Razzia, ein mit Staatsgewalt, Strafen und Verordnungen einhergehendes Eindringen in die menschliche Intim-

sphäre, dort, bei den Affen, ein Akt des allgemeinen Wohlbehagens und der Freundschaft.
Die englische Schimpansenforscherin Dr. Jane Goodall schildert einige besonders nette Szenen aus dem ostafrikanischen Gombe-Reservat:
Im Schatten eines Mangobaumes begann ein Männchen gerade, sein derzeitiges Lieblingsweibchen herzinnig zu kraulen, als sich ein anderes, rangtiefes, völlig verlaustes Männchen neben den »Herren« setzte. Beim Lausen tatsächlich Läuse zu finden, bereitet Affen eine solche Lust, daß sie alles andere darüber vergessen, etwa das Ausstoßen des Rangniederen aus ihrer Horde oder den Liebesdienst an ihren Weibchen.
Der Schimpanse wandte sich mit seiner Tätigkeit also prompt dem anderen Männchen zu. Das vergeblich auf soziale Körperpflege wartende Weibchen wurde nach einigen Minuten unruhig. Dann wimmerte es erst leise, aber bald immer lauter. Vergebens. Nun tippte es ihn mit einem Finger an die Schulter. Umsonst. Schließlich kreischte es wütend auf und versetzte ihm einen kräftigen Fußtritt. Das wirkte. Und nun erst fuhr er mit seiner hingebungsvollen Beschäftigung fort, die »Dame« zu bedienen.
Die Beispiele zeigen einerseits, wie stark das Lausen noch durch Läuse motiviert wird, daß es andererseits jedoch, von Hautverunreinigungen völlig losgelöst, sich zu einem reinen Ritual weiterentwickelt und abstrahiert hat, bei dem nicht nur die Läuse, sondern sogar auch die Fellhaare fehlen können. Aus einem Akt der gegenseitigen Säuberung wurde ein Freundschaftsbeweis.
Einmal hatte ein rangtiefer Schimpanse beim Schmaus in einem Baum nicht aufgepaßt und sich beim Abwärtsklettern versehentlich dem Boß auf den Kopf gesetzt. Dieser schreckte empört hoch und jagte den Kleinen an die zwei-

hundert Meter durch den Busch. Als er sich wieder beruhigt hatte, konnte es der Kleine einfach nicht ertragen, ohne ein Zeichen der Vergebung in der Horde weiterzuleben.
Obgleich er vor dem Boß eine Riesenangst hatte, näherte er sich ihm zitternd und vor Furcht kreischend, tief am Boden auf allen Vieren kriechend und dem Boß als Respektsbeweis das rosa Hinterteil vorweisend. So harrte er minutenlang in unmittelbarer Nähe des Allgewaltigen, bis dieser geruhte, ihn zu kraulen – zwar nur mit einem Finger und für höchstens eine Sekunde, aber das genügte bereits vollauf als Zeichen der Gnade und der Huld: »Jetzt wollen wir wieder Freunde sein!«
Niemals können zwei Affen in Eintracht längere Zeit beisammen sein, ohne daß sie sich kraulen. Der englische Zoologe Dr. Desmond Morris sagte: »Unter Affen hat das Lausen dieselbe Bedeutung wie das nichtssagende Gespräch unter Menschen. Wichtig ist nicht, was man sagt, sondern allein, daß man etwas redet. Es vermeidet im Stillschweigen schwelende Feindschaften und schafft ein Gefühl der Verbundenheit.«
Da laust mich doch der Affe!

7 Frechdachs!

Schon vor einer Stunde war die Sonne untergegangen. Gespenstisch schimmerte der Halbmond durch die Zweige der Waldschlucht, als am Fuße eines Felsens unter dichtem Farn ein Schnaufen, Prusten und Grunzen erklang, als hätte sich dort ein Pennbruder eine fürchterliche Erkältung zugezogen. Doch es war eine Dachsfamilie, die ihren nächtlichen Ausflug antrat: Vater und Mutter, gefolgt von vier tollpatschigen, putzigen Dächslein, Kuno, Bruno, Juno und Melitta.
Nach der langen Ruhe im engen Bau wollten die Kinder erst einmal spielen. Kuno holte sich einen Steinpilz und legte ihn vor Juno hin. Als diese den Leckerbissen nehmen wollte, schnappte ihn Kuno schnell vor ihrer Nase wieder weg und riß aus, Juno erzürnt hinterher.

Bruno und Melitta witterten sofort etwas Sensationelles und flitzten auch hinterdrein. Da schlug Kuno, der vorderste, eine enge Kurve, gelangte so hinter Melitta, das Schlußlicht, und nahm somit auch seinerseits die Verfolgung auf. So sausten alle vier ständig im Kreis umher.
Nach der achten Runde hatte Kuno Melitta eingeholt und zwickte sie mit dem Maul in ihr Hinterteil. Laut fiepte sie auf, warf sich herum, um Rache zu nehmen. Aber gleichzeitig machten auch die anderen drei kehrt, und nun ging die Hoppelei in umgekehrter Richtung kreisum, bis wieder einer seinen Vordermann am Allerwertesten erwischt hatte.
Wenn jemand an der Richtigkeit der Redewendung »So ein Frechdachs« zweifeln sollte, schaue er sich nur spielende Jungtiere an, und er wird den Ausdruck in belustigender Weise treffend finden. Wir wählen diesen Vergleich ja immer dann, wenn ein herzerfrischend nettes Menschenkind eine drollige Spitzbüberei begangen hat. Verzeihendes Verständnis für den Ulk liegt bereits mit in diesem Wort.
Und genauso verhält es sich auch mit den vierbeinigen Frechdachsen. Als der Vater von der Toberei seiner Kinder genug hatte, prustete er laut. Das ist das Gefahrenkommando der Dachssprache: »Volle Deckung!« Sofort lagen alle vier im Heidelbeerkraut platt auf dem Bauch und rührten sich nicht. Im Grunde sind Dachskinder also doch so folgsam, daß sie ihren Eltern aufs Wort gehorchen.
Eine Gefahr war allerdings nicht im Verzuge. Vater Grimbart gebrauchte diesen Trick nur, um seine Rasselbande wieder unter Kontrolle zu bekommen.
Dann begann die nächtliche Wanderung durch die Schlucht. Einer immer brav hinter dem anderen, folgten sie einem Dachsweg, einem »Paß«, wie der Waidmann sagt, der mindestens hundert Jahre alt war und zum Teil als Erdrinne tief in

den Boden eingetreten worden war: eine Verbindungsstraße zu den Futterplätzen und ein Fluchtweg zugleich.
Mit einemmal setzte sich die kleine Gesellschaft in Schweinsgalopp. Der schönste Teil der Strecke mußte gleich kommen: Von einer Klippe herab führte gut zwanzig Meter tief eine regelrechte Rutschbahn, auch sie schon blankgewetzt von unzähligen Dachsgenerationen, die hier ihren Spaß gefunden hatten.
Wie auf Kommando sprang die ganze Familie auf einmal in die Rinne, und ab ging die Post. Unten purzelten sie alle übereinander und quietschten und grunzten vor Vergnügen. Doch plötzlich »prrrschsch!« prustete Vater Dachs, alles übertönend, Alarm, und nun lagen alle sechs wiederum platt auf dem Bauch. Da roch irgend etwas bösartig nach Menschenfleisch. Eine Jugendgruppe hatte zwei Zelte mitten auf dem Dachspfad aufgeschlagen.
Vater Grimbart knurrte wie ein Kettenhund. Für ihn war der Fall klar: Diese Menschen waren harmlos. Also konnte er gleich mit der Beseitigung der Hindernisse beginnen. Ein richtiger Dachs hält seine Straßen sauber. Fünfmal schnüffelte er um jedes Zelt. Dann hatte er einen Plan gefaßt.
Mit einem einzigen Biß seiner alles zermalmenden Zähne durchtrennte er eine Spannleine des ersten Zeltes, dann die nächste und übernächste. Als er gerade halb ums Zelt war, fiel eine leichte Brise ein. Das Zelt stürzte um, unglücklicherweise so, daß es nicht nur die Menschen, sondern auch die vier Dachskinder unter sich begrub. »Hilfe! Wildschweine!« rief ein Junge. »Schnell rauf auf die Bäume, ihr Affen!« brüllte ein anderer. Mehrere kreischten, als die Dachse ihnen über die Köpfe liefen. Am schnellsten hatten sich die Vierbeiner wieder aus diesem Tohuwabohu herausgewurstelt und wuselten schnell durch das Dickicht davon.

Wer anderen eine Grube gräbt ...! Ihre gute Laune war jedenfalls verflogen, und nun zeigten die Dachse, daß sie mitunter auch sehr brummig und zänkisch sein können. Der Appetit war durch den Schock erst einmal verflogen. Der Vater raunzte erst die Kinder und dann sein Weibchen an. Und so trottete, nein, trottelte die Rotte mißmutig heimwärts bergauf.

Erst störte sie ein Menschendrahtzaun, den der Förster um eine Jungtannenschonung gezogen hatte. Minuten später hatten die Dachse fünfzig Löcher hineingebissen.

Dann war ihnen ein äsendes Reh im Wege. Vater und Mutter Grimbart sträubten in herrlichem Zorn ihr Fell, so daß sie doppelt so groß wie zuvor erschienen, und gifteten das Reh an, das erschreckt davonsprang.

Doch plötzlich gab die Dachsin schmauchende Geräusche von sich. In einer Lichtung hatte sie das Erdnest eines Wespenstaates entdeckt. Sekunden später war es ausgegraben. Die ganze Familie schmatzte mit wiederkehrendem Behagen die Brutwaben samt den ihnen vorzüglich mundenden Stachelinsekten.

Die gute Laune war wiederhergestellt, und alsbald trabten die Frechdachse neuen Schelmereien entgegen.

8 Sie schimpfen wie die Rohrspatzen

Kaum erhebt sich die Junisonne über den Horizont, bricht allmorgendlich im breiten Schilfgürtel des Neusiedler Sees an der österreichisch-ungarischen Grenze ein enervierendes Spektakel los. Vor kurzem waren in jedem Nest der Rohrspatzenkolonie vier bis sieben Junge flügge geworden. Alle diese Halbstarken und Teenager haben sich zu einer hundertköpfigen Jugendbande zusammengeschlossen und im Röhricht dicht gedrängt die Nacht in stiller Eintracht verbracht. Im ersten Morgenlicht weicht aber der trauliche Frieden einem Krawall, daß eine lehrerlose Schulklasse dagegen wie ein Nonnenkloster wirkt. Vor allem die Jünglinge picken und zupfen und zwacken im vielkehligen Gezeter jeden, dem sie gerade eins auswischen können. Im Grunde ist das alles nur

Angabe, denn das Schilfdickicht ist ein großer Verlobungsmarkt der noch unreifen, unentwegt schimpfenden Rohrspatzen, die auch »Bartmeisen« genannt werden.
Die Annäherungsversuche an das andere Geschlecht starten die Jünglinge in gleicher Manier wie minderjährige Menschenjungen: Sie necken, ärgern, pieksen und schubsen die Mädchen. Diese lassen sich indessen nichts gefallen. Sie hakken und kratzen und krakeelen zurück, daß die Federn fliegen: höchst widerspenstige Zankteufel!
Für die Männchen führt nun kein anderer Weg zur Ehe als die Zähmung des rebellierenden Weibchens. Der Sonderfall, der Shakespeare zu einem unsterblichen Drama inspirierte, ist bei den Rohrspatzen die Regel.
Erst wenn das Vogelmädchen alle Dummen-Jungen-Streiche des Fast-Männchens geduldig über sich ergehen läßt, ohne im geringsten aufzubegehren, ist die Verlobung der beiden perfekt. Von nun an sind sie lebenslang ein unzertrennliches Paar, auch wenn sie erst im kommenden Frühjahr paarungsfähig werden.
Das also ist der Zweck des sprichwörtlich gewordenen Schimpfens bei den Rohrspatzen: Im Grunde ist es weiter nichts als ein Imponiergehabe, um sich das nötige Ansehen zu verschaffen, um als lebenskräftig zu gelten und als Bräutigam von einer Braut gleichsam in Haßliebe heiß begehrt zu werden. Also eine Ehe, die mit Ehekrach beginnt.
Wie endet so etwas eigentlich?
So wüst der Krawall vor der Verlobung war, so herzinnig ist die Liebe danach. Schon unmittelbar nach der Eroberung des Weibchens nimmt es das Männchen des nachts unter seinen ausgebreiteten Flügel, wärmt es und läßt es in seiner zärtlichen »Umarmung« schlafen. Tagsüber weichen sich beide nicht von der Seite. Beim Sich-Putzen, Futtersuchen, Trin-

ken, Baden bleiben sie stets eng beisammen. Immer wieder kraulen beide einander mit dem Schnäbelchen die wohlig gesträubten Federn. Fliegt der eine einen Schilfhalm weiter, so landet der andere im nächsten Augenblick neben ihm.
Die vereinten Kräfte beider sind nun jedem krakeelenden Einzelvogel weit überlegen, so daß sich kaum noch ein Aufdringlicher mit üblen Scherzen an sie heranwagt. Deshalb leben verlobte Rohrspatzen viel geruhsamer als die ewig schimpfenden Junggesellen.
Je mehr Mitglieder des Jugendschwarmes sich im Laufe weniger Wochen verloben, desto mehr geraten die noch alleinstehenden Krachmacher in Torschlußpanik. Dann schreien sie nicht mehr frech umher, sondern beginnen ihre Verzweiflung aller Welt laut kundzutun. Unermüdlich zwitschert es dann »tschin-dschick-tschrä«. Auch das klingt in Menschenohren wie wütendes Schimpfen. Dieses Lied gehört indessen zu den wenigen Vogelmelodien, deren »wörtliche« Bedeutung wir bislang entziffern konnten, weil es aus einzelnen, uns bekannten Rufen zusammengesetzt ist.
Wie der Wiener Professor Otto Koenig herausgefunden hat, heißt »tschin« in der Rohrspatzensprache so viel wie »Achtung! Alarm« »Dschick« drückt lebhafte Balzstimmung aus. Mit »Tschr« werden Weibchen angelockt, und »ä« ist der mitleidheischende Ruf des Verlassenseins.
So können wir den »Satz« des Vogels etwa so übersetzen »Achtung! Ich bin in Liebesstimmung! Weibchen, komm her! Denn ich bin ja so einsam!« Rohrspatzen, die bereits als festes Pärchen miteinander leben, rufen hingegen viel dezenter nur »Dschick-tschr«, also: »Ich bin in Liebesstimmung! Weibchen, komm her.«
Stirbt ein Ehepartner, etwa weil ihn der Habicht oder die Katze geholt hat, so fliegt der Überlebende noch etwa zwei

Wochen lang rastlos suchend und ständig »dschick-tschrä« rufend umher. Schließlich sitzt er trübsinnig und tatenlos herum, gerät aber über einen Rohrspatzenruf oder ein plötzliches Rascheln im Schilf sofort in helle Erregung, als hoffe er, daß der schmerzlich vermißte Ehepartner im nächsten Augenblick wieder neben ihm landen würde. Das ist die große Trauer, zu der sogar so kleine Vögel imstande sind.
Im nächsten Jahr kann der überlebende Ehepartner ein zweites Mal heiraten. Allerdings kann er seine Wahl nicht mehr unter jüngerem Blut im Jugendschwarm treffen. Das viele Gezanke und Gehacke der in praller Pubertät stehenden Jungvögel und die erneute Zähmung einer Widerspenstigen sind nichts mehr für die Nerven des gereiften Alters.
Der Vereinsamte zieht sich daher lieber in den Erwachsenenschwarm zurück, den die Vögel außerhalb der Brutzeit bilden. Hier gibt es weder feurige Werbung noch Eifersucht und auch nicht das alte Spiel »Was sich liebt, das neckt sich«. Nur wenn in dieser abgeklärten Gesellschaft ein Witwer auf eine Witwe trifft, haben beide die Chance, noch eine Art »Vernunftehe« einzugehen – eine Verbindung, die aber bei weitem nicht mehr so fest zusammenhält wie die in heißer Jugendliebe unter lautem Schimpfen geschmiedete erste Ehe der Rohrspatzen.

9 Pechvogel und Unglücksrabe

In den Wiesen glitzerte noch der Morgentau, als ein Schwarm von sechs Jungraben am Waldrand entlangsegelte. Plötzlich krächzte »Hans Huckebein«, der Anführer, laut auf. Er hatte etwas im Gras entdeckt. War es eine billige Beute oder eine gefährliche Falle?

Mit dem »brrrrö«-Alarmruf befahl er seinen Schutzbefohlenen, sich auf einen Baum zu setzen. Denn es gehört zu den Pflichten eines Kolkrabenbosses, gefährliche Neuheiten ganz allein zu untersuchen.

So kreiste Hans Huckebein krächzend über seiner Entdekkung: dem Kadaver eines toten Fuchses. Aber war Meister Reineke auch wirklich tot? Oder tat er nur so, um den Raben listig zu schnappen?

Lautlos glitt der schwarze Vogel von hinten an den Fuchs heran, hackte ihm mit aller Wucht ins Gesäß und zog in scharfer Steilkurve nach oben. Schnell blickte er zurück und sah, wie der »Leichnam« einen Luftsprung machte, den Schwanz unter den Bauch klemmte und vor Schmerz jaulend im Wald verschwand. So kann ein Rabe sogar einen Fuchs übertölpeln!

Diese von Wissenschaftlern beobachtete Geschichte erinnert verblüffend an die bösen Streiche von Wilhelm Buschs »Hans Huckebein«, dem sprichwörtlich gewordenen Unglücksraben. Überall, wo dieser Pechvogel hinkommt, geschieht Unheil. Entweder richtet er es selber an, oder andere verursachen das Schlimme seinetwegen, bis er schließlich an Likör gerät und sich, total betrunken, am Strickzeug der Tante selbst erhängt.

Der Pechvogel bringt also nicht nur anderen, die sich mit ihm abgeben, Unglück, sondern erleidet auch selber ein trauriges Schicksal. In diesem Sinne werden beide Worte, das vom Pechvogel wie das vom Unglücksraben, heute gebraucht.

Allerdings kannte man beide Begriffe schon lange vor Wilhelm Busch: den Unglücksraben mehr im Sinne eines Galgenvogels und Leichenfledderers. Denn wenn ein armer Sünder aufgehängt wurde, stellten sich gleich einige Raben ein, um an dem Toten, wenn er alleingelassen am Strick baumelte, ihre grausige Mahlzeit zu halten.

Und der Pechvogel war ganz simpel ein gefiederter Sänger, der am teerartigen, klebrigen Pech der Leimrute eines Vogelfängers hing. Er hatte eben Pech gehabt in des Wortes doppelter Bedeutung.

Mit Wilhelm Busch kam also eine Art Aberglaube zum Begriff des Unglücksraben: »An ihm klebt das Mißgeschick!« Oder: »Alles, was der anfängt, wird ein Reinfall!« Und:

»Andere zieht er auch noch mit ins Verderben!«
Wie kam es zu dieser Mystifizierung?
Das, was Tierfreunde, die jahrelang mit einem Kolkraben als Hausgenossen zusammenlebten, über ihren Liebling erzählen, scheint zunächst die Vorstellung vom Raben im Sinne Wilhelm Buschs voll zu bestätigen.
In einem Dorf nahe Zürich hatte Frau Anke Kehrli den von ihr gesundgepflegten Kolkraben »Bubi« zu sich und mehreren anderen Tieren ins Haus genommen. Aber während der Vogel ihr gegenüber stets ein braver, treuer Freund war, gab es mit den anderen Tieren fortwährend Kleinkrieg.
Dem Hund stahl Bubi die Knochen aus dem Futternapf. Die Katze schreckte er aus jedem Schläfchen. Den Papagei brachte er zum Wahnsinn, indem er vor dessen Käfig ständig nachkrächzte, was dieser an Tönen von sich gab.
Am schlimmsten aber hatten die Hausgänse zu leiden, weil sich der Rabe einen permanenten Spaß daraus machte, sie an den Schwanzfedern zu zupfen. Ja, man hatte den Eindruck, daß es ihm großes Vergnügen bereitete, in der Luft kreisend zu beobachten, wie die Gänse dann wild umherschnatterten und sich kaum beruhigen konnten.
Als sich Bubi wieder einmal anschickte, eine Gans zu necken, bemerkte diese rechtzeitig, was der schwarze Vogel im Schilde führte. Genau im richtigen Moment warf sie sich herum und packte den Raben mit dem Schnabel am Hals. So wild dieser auch zappelte und krächzte, die Gans ließ nicht wieder los, sondern schleppte den Plagegeist zum Teich und drückte ihn so lange unter Wasser, bis er tot war.
Ähnlich unbeliebt machte sich der Rabe »Kora« im Haus des Wildhüters Lech Wilczek im polnischen Nationalpark von Bialowieza. Kora ärgerte den Hahn, den Kettenhund und sogar eine drei Zentner schwere Wildsau.

Immer, wenn die Bache ein schönes Stück Futter gefunden hatte, schwebte der Rabe herzu und hackte dem Borstenvieh ins Hinterbein. Wutschnaufend drehte sich dieses um, mit wildem Zorn in den Augen. Aber darauf hatte Kora ja nur gewartet. Blitzschnell flatterte sie auf, ergriff den Leckerbissen und entschwand mit ihm – und zwar nicht etwa, um ihn zu fressen, sondern nur um ihn irgendwo zu verstecken.

»Koras Vernichtungstrieb kann mich wirklich entnerven«, berichtet Lech Wilczek. »Zum hundertsten Mal bohrt Freund Kora mit Leidenschaft ein Loch in die dicke Plane, mit der ich das Brennholz vor dem Regen schütze; und zum fünfzigsten Mal zieht er am Motorrad den Gummi vom Akku, reißt das Kabel ab und wirft sogar die Batterie auf den Boden. Er kann sich solch schier teuflische Freuden einfach nicht versagen, trotz der überwältigenden Freundschaft zu mir. Denn ich bin das einzige Wesen, das er mit seinem Schabernack verschont.«

»Stundenlang kann er auf meiner Schulter sitzen und den Schnabel an meine Backe lehnen, als ob meine Gegenwart ihn in einem geheimen Rausch versetzt. Wenn er nach längerer Trennung hoch über den Baumwipfeln auftaucht, einen Kreis fliegt und fröhlich auf meiner Schulter landet, verzeihe ich ihm alle Sorgen und all den Schaden, womit er mich zur Verzweiflung treiben kann.«

Es ist also immer dasselbe: Mit seiner Unternehmungslust, Intelligenz, Frechheit und Neugier versucht der Rabe alle nur erdenklichen neuartigen Dinge auf ihre Eignung als Nahrungsquelle zu untersuchen. Hinzu tritt die – wir Menschen würden sagen: kleinkindliche – Lust am Zerstören, besonders dann, wenn diese Tätigkeit große Wirkung erzielt, etwa in Form von Panik oder ärgerlichen Reaktionen von seiten der Geschädigten.

Mit diesen eigentlich ganz erstaunlichen Eigenschaften eroberte sich der Kolkrabe früher auf der Welt einen Platz unter den »Erfolgreichen«. Das sind jene Tierarten, denen es dank besonderer Fähigkeiten gelungen war, sich über weite Gebiete zahlreich zu verbreiten ... jedenfalls so lange, bis der Mensch als »Geschädigter« mit seinen Feuerwaffen eingriff.
Nur ein einziges Wesen hat niemals unter dem Aberwitz eines Unglücksraben zu leiden. Normalerweise ist dies der Ehepartner. Denn Kolkraben sind einander in lebenslanger Einehe treu ergeben. Niemals, auch nicht im Scherz, würden sie dem eigenen Partner Schaden oder Ärger zufügen.
Nur in seltenen Fällen kann der Vogel diese unverbrüchliche Verbundenheit auf einen Menschen konzentrieren. Dann ist er nicht der allbekannte Pechvogel, sondern ein echter Freund.

10 Streithammel oder Leithammel?

In den frühen Morgenstunden eines Herbsttages war der armenische Schafhirt Gregor Arakeljan in der Mitte seiner Herde eingeschlafen, als ihn das Brüllen eines Tigers hochschreckte. Reflexartig holte er mit seinem Hirtenstab aus, aber die Bestie duckte sich bereits zum tödlichen Sprung auf ihn. Doch noch ehe sie sich emporschnellen konnte, raste ein Teil der Herde im dichten Haufen heran und über den Tiger hinweg. Von mehr als hundert Schafshufen getreten, wurde das Raubtier übel zugerichtet und verließ humpelnd den Schauplatz.

Können Hausschafe also solche »Streithammel« sein, daß sie sogar Tiger angreifen und außer Gefecht setzen? Und sind sie gleichzeitig dem Menschen gegenüber so lammfromm, daß

sie ihm das Leben retten? Um diese Frage zu beantworten, muß ich noch eine zweite Geschichte erzählen:
Am 17. Mai 1965 weideten an die 500 Schafe friedlich auf einer Wiese am Rheinufer bei der schweizerischen Stadt Chur. Plötzlich raste die ganze Herde los und stürzte sich in den gerade reißendes Hochwasser führenden Fluß. Alle Tiere wurden im Flußgeröll zerschmettert oder ertranken. Nicht ein einziges Schaf blieb am Ufer zurück.
Zwei scheinbar grundverschiedene Ereignisse, denen jedoch genau die gleiche Verhaltensweise der Schafe zugrunde liegt. In der Schweiz waren es zwei Schäferhunde, die von Spaziergängern bei Annäherungen an die Herde in unverantwortlicher Weise nicht an die Leine genommen worden waren und im spielerischen Angriff in die Schafherde hineinstießen. Zufälligerweise trafen sie auf das Leittier.
Voller Panik raste es los und geradewegs in den Rhein hinein. Nun sind Schafe Musterbeispiele für das, was wir als Herdentiere bezeichnen: Ohne zu überlegen, ohne Sinn und Verstand, folgen sie ihrem Leittier blindlings überall hin und in Angst und Gefahr erst recht – ebenso unaufhaltsam wie kopflos, auch wenn sie sich alle dann in den Tod stürzen, dem sie ja eigentlich entrinnen wollten. Ein Fehler des Leittieres ist für alle tödlich. »Führer befiehl, wir folgen dir!« hieß es einst in ähnlicher Verblendung.
Also stimmt wenigstens das Sprichwort vom Leithammel, dem all die »dummen« Schafe bedingungslos hinterherlaufen? Nur im Prinzip, nicht aber im Wortlaut! Denn, man höre und staune, das Leittier einer Schafherde ist stets ein älteres, erfahrenes Weibchen, nie ein Männchen, also ein Widder – und ein Hammel, ein zum Zwecke der Mästung kastriertes männliches Tier, erst recht nicht.
In der Gesellschaft der Schafe waltet das Matriarchat, die

Herrschaft der »Frauen«. Hammel, also Eunuchen, haben hier überhaupt nichts zu melden. Zudem sind diese entmannten Männchen so träge, friedlich und ängstlich, daß sie bereits vor jedem harmlosen Zwergpudel ausreißen. Sie sind weder Leithammel noch Streithammel, sondern lediglich wandelndes Hammelfleisch.

Wer je diese beiden Begriffe in die Welt gesetzt hat, muß noch dümmer als die dümmsten Schafe gewesen sein. Oder hatte er nur etwas gegen das Weibliche als Führungskraft?

Die blinde Gefolgstreue gegenüber dem weiblichen Leitschaf der Herde war denn auch die eigentliche Ursache für den »Angriff« der Woll-Lieferanten auf den Tiger: Der Räuber war mitten in die Herde eingebrochen. Sofort floh das Leitschaf mit seinem Teil der Herde vom Tiger fort. Die anderen Schafe auf der entgegengesetzten Seite sahen sich von ihrem Leittier abgeschnitten und versuchten nun mit aller Macht, den Anschluß wiederzugewinnen, eben, indem sie den Tiger über den Haufen rannten – mit dem gleichen Sturm und Drang, mit dem sich ihre Schweizer Artgenossen in den Rhein gestürzt hatten. Ein Angriff auf den Tiger im eigentlichen Sinne war das überhaupt nicht.

Aber sind die Männchen, die Widder, nicht wenigstens während der Paarungszeit im Herbst wilde Kämpfer um die Gunst des Weibchens? Könnte man die Redensart vielleicht in »Streitwidder« umformulieren? Nein! Nicht einmal das entspricht den Tatsachen.

Betrachten wir eine Schafherde, in der neben etwa zweihundert Weibchen vom Hirten drei Widder zugelassen wurden. Fast das ganze Jahr über stehen die drei Männchen unter der Knute der »Damen«. Wenn dann die Paarungszeit kommt, wird der stärkste Widder plötzlich energisch und treibt alle gerade empfängnisbereiten Schafe in einem »Harem« zusam-

men. Die von ihm gedeckten Weibchen entläßt er gleich wieder, während er diejenigen, die neu brünstig werden, zu sich holt.
Die anderen beiden Widder lassen sich widerstandslos kaltstellen. Sogar dann, wenn ein fremder Widder zu ihnen kommt, gibt es kaum einmal einen Kampf, denn diese Tiere besitzen Rangabzeichen: die Größe ihrer gewundenen Hörner. So weiß jeder gleich, was er vom anderen zu halten hat, und läßt sich gar nicht erst auf einen Kampf ein.
Nur wenn der stärkste Widder einen Rivalen mit gleich großen Hörnern bekommt, prallen die beiden wie Dampframmen so lange Kopf gegen Kopf, bis einer aufgibt. Aber reicht das aus, einen Widder zum Symboltier der Streitsucht zu machen?
Aber bricht die Streitsucht nicht endlich dann doch durch, wenn in einer Herde weißwolliger Tiere ein »schwarzes Schaf in der Familie« geboren wird? Entfacht sich dann nicht ein »Rassenhaß« Weiß gegen Schwarz, wie es das Sprichwort vom »schwarzen Schaf« unterstellt?
Abermals Fehlanzeige! Nie wird ein schwarzes Lamm oder Schaf von den weißen davongejagt, nie wird es gepeinigt oder sich selbst überlassen. Auch in diesem Punkt steht das Schaf nicht als Gleichnis, sondern als Gegensatz zu unsinnigen Verhaltensweisen des Menschen. Nur die Redensarten verdrehen hier die Tatsachen.

11 Einer ist des anderen Wolf

Der kanadische Winter war erbarmungslos. Schon seit neun Tagen streifte das Wolfsrudel in den endlosen Wäldern umher, ohne im tiefen Schnee die Spur eines Beutetiers zu entdecken. Gerade hatte »Näschen«, der rangvierte Rüde, die Spitze übernommen, während alle anderen, in »Gänselinie« folgend, ihre Pfoten exakt in die Fußabdrücke des Vordermanns setzten, als sich Näschen in ein Gebüsch katapultierte und mit einem Hasen in den Fängen wieder zum Vorschein kam.

Sogleich sprang »Lumpi«, der stellvertretende Rudelführer, hinzu, um ihm die Beute zu entreißen. Beide fletschten die Zähne, sträubten das Fell und knurrten sich bestialisch an. Ein Kampf auf Leben und Tod schien loszubrechen.

In diesem Augenblick fuhr »Primus« dazwischen, der Leitrüde, um die beiden zu trennen. Aber er tat es ohne Wut und Drohung. Vielmehr tänzelte er vor Lumpi herum und machte ihm einen Spielantrag. Lumpi ging sofort darauf ein. Und so tollten beide spielerisch im Schnee herum, während Näschen seinen Hasen in wenigen Sekunden verschlang.

Dieser Vorfall zeigt das Typische: In jedem Wolf steckt ein gehöriges Quantum Feindschaft gegen jeden anderen Wolf. Aber im Rudel sorgt das Leittier streitschlichtend für Frieden, und zwar nicht, indem es kraft seiner Stärke dazwischenhaut, sondern durch einen Akt der Freundschaft in spielerischer Weise. Dies hat der Verhaltensforscher Professor Erik Zimen jetzt herausgefunden.

Seine in Jahrzehnten erarbeiteten Tatsachen widerlegen somit die Bedeutung des Sprichworts »Jeder ist des anderen Wolf«, das wir immer dann anzuwenden pflegen, wenn wir sagen wollen, daß in einer Menschengruppe jeder die Vernichtung aller anderen zum Ziel hat.

Aber die Wölfe schließen sich doch gerade deshalb zu Gemeinschaften zusammen, weil sie nur in enger, freundschaftlicher Zusammenarbeit die Notzeit des Winters überleben können. Nur als Team vermögen sie so große Beute wie Ren, Hirsch und Elch zu überwältigen. Im Sommer, wenn sie viele kleinere Beutetiere wesentlich leichter fangen können, spalten sich die etwa zwölfköpfigen Winterrudel folgerichtig in kleinere Gruppen auf.

Im Winter aber muß der Leitwolf eine bislang nicht für möglich gehaltene diplomatische Kunst aufbieten, um aus einem »Haufen reißender Bestien« einen »Club einander helfender Freunde« zu machen. Veranlagung und Lernprozeß befähigen ihn gleichermaßen dazu.

Als Primus noch ein kleiner Welpe war, besaß er nicht die geringste Spur einer Beißhemmung gegenüber anderen. Mitten im Spiel biß er kraftvoll in den Vorderlauf seines Vaters. Doch augenblicklich biß dieser strafend zurück. So lernte Primus als Kind, daß man im Spiel oder im harmlosen Streit nicht zu scharf beißen darf, wenn man nicht selber gebissen werden will.

Dies ist die Basis der Beißhemmung erwachsener Wölfe gegenüber Rudelgenossen. Logischerweise versagt sie immer dann, wenn lebensentscheidende Dinge strittig sind: im Kampf um den Lebensraum gegen rudelfremde Wölfe, beim Machtkampf um die Spitzenstellung im Rudel und beim Vertreiben überflüssig gewordener Mitfresser aus dem Rudel.

Das sind die einzigen, ziemlich seltenen Fälle, in denen es unter Wölfen Tote gibt, sofern der Verlierer den Tod der Flucht in die Einsamkeit vorzieht, die jedoch oft gleichbedeutend ist mit dem Tod durch Verhungern. Sie sind die Ausnahmen, nicht die Regel, wie uns das Sprichwort weismachen will.

Daneben kennen wir jedoch noch eine andere Form der Beißhemmung, nämlich die der erwachsenen Tiere gegenüber den Welpen. Sie beruht nicht auf der Angst vor dem Zurückbeißen, sondern auf einer angeborenen Eigenschaft. Immer, wenn sich ein Welpe mit Demutsgebärde einem Erwachsenen unterwirft, wird dessen Angriff mit der Urgewalt eines Instinkts gestoppt.

Etwas Ähnliches, was ein Erwachsener für ein Kind empfindet, muß auch der Leitwolf gegenüber seinen Rudelmitgliedern spüren. Während sich sein Stellvertreter recht oft mit den rangniederen Tieren herumprügelt, wenngleich in harmloser Weise, ist der Leitrüde bei weitem das freundlichste Tier in der Gemeinschaft. Er wirkt gleichsam nur durch seine Persönlichkeit und ist stets bemüht, seine Gruppe nur durch Spiel und Spaß zusammen und in Ordnung zu halten.

Ja, er kann es sich sogar leisten, Entscheidungsprozesse, etwa über die Jagd, über Aufbruch, Marschrichtung und Tempo, auf demokratischer Basis heranreifen zu lassen. Den allesbestimmenden, gewalttätig herrschenden Rudelführer gibt es nur in der Phantasie ahnungsloser Laien.
In Wirklichkeit tragen alle Mitglieder der Gruppe ihren Teil zu jeder Entscheidung bei, wie Professor Zimen beobachtet hat. Allerdings: Je älter und ranghöher ein Tier ist, desto mehr Gewicht hat seine Stimme. Kein noch so kräftiger Leitrüde kann sich gegen den Willen der Mehrheit im Rudel durchsetzen. Deshalb versucht er es auch gar nicht erst. Eine »Abstimmungsniederlage« hätte nur nachteilige Folgen für sein Ansehen als Boß.
Ein Leittier herrscht also mit den Methoden von Spiel und Spaß, mit Freundlichkeit und Friedenstiften sowie unter genauer Beachtung demokratischer Regeln. Das ist die Wahrheit über den nur im Sprichwort und im Märchen so bösen Wolf.

12 Verhätschelt wie ein Nesthäkchen

Was würden Menscheneltern sagen, wenn sie ihren Babys alle zwei Minuten Nahrung bringen müßten? Nicht weniger als das leisten aber Kohlmeiseneltern. Ein Fall ist belegt, in dem sie in achtzehn Tagen 7743mal die ewig hungrigen Schlünde ihrer neun Kinder stopften. Dies sei vorausgeschickt, um die folgenden Dinge im rechten Licht erscheinen zu lassen.
Wenn etwa bei schlechtem Wetter nicht genug Futter zu finden ist, spielt sich nämlich in fast jedem Meisennest eine Tragödie ab. Dann stehen die Vogeleltern vor der Wahl, entweder alle Jungen gleich schwer an Unterernährung leiden zu lassen und sie damit später tödlichen Wachstumsschäden auszusetzen oder ein bis zwei Kinder den sofortigen Hungertod sterben zu lassen, damit die übrigen Geschwister genug zu fressen bekommen.

Die Natur hat sich für den zweiten Weg entschieden und steuert ihn mit Hilfe eines Instinkts über die Auswahlmethode, mit der die Vogeleltern bei jeder Fütterung erneut entscheiden, welches ihrer Kinder die Nahrung bekommen soll. Diejenigen, die bei Futtermangel nichts kriegen und sterben müssen, sind stets die Jüngsten und Kleinsten in der Geschwisterschar. Diese Todeskandidaten bezeichnet die Wissenschaft als »Nesthäkchen«. Welch grotesker Gegensatz zum Begriff des menschlichen Nesthäkchens, der doch gerade den allerliebsten, süßen, maßlos verhätschelten, manchmal auch dick-dreisten jüngsten Familiensproß ein wenig entschuldigen soll!

Ist also das, was wir Menschen gemeinhin unter einem Nesthäkchen verstehen, eine krasse Fehlinterpretation der wahren Vorgänge in der Natur?

Nicht unbedingt. Schauen wir einmal zu, wie es in Familie Kohlmeise zugeht, wenn genug Futter vorhanden ist. In unserem Nistkasten, dessen Inneres von einem Versteck durch ein Guckloch beobachtet werden konnte, legte das Weibchen neun Eier mit je einem Tag Abstand. Als nach der Brutzeit von neunzehn Tagen das letzte Junge schlüpfte, war das erste Kind bereits fünf Tage alt.

Wer nun aber argwöhnt, daß dieses Nesthäkchen (ursprünglich »Nesthöckchen«) bei der Fütterung von den schon viel kräftigeren Geschwisterchen immer beiseite gedrückt würde, irrt. Im Gegenteil, die Eltern kümmerten sich um den winzigen Nachzügler viel eifriger als um die dicken Großen. Und als die Erstgeschlüpften im Alter von drei Wochen flügge wurden, waren sie von den Jüngsten im Körpergewicht und in der gesamten Entwicklung bereits voll eingeholt worden. Die ganze Gesellschaft konnte noch am selben Tag ausfliegen! Das ist wichtig, weil die Kinderschar noch 14 Tage lang

von den Eltern betreut werden muß und diese nicht innerhalb und außerhalb des Nistkastens gleichzeitig nach dem Rechten sehen können.
Also gerade weil die Nesthäkchen die Vorzugspüppchen sind, können sie die älteren Geschwister im Wachstum einholen. Unter den Verhältnissen ausreichenden Futterangebots besteht die Redensart vom Nesthäkchen im gebräuchlichen Sinn also durchaus zu Recht.
Bei Nahrungsmangel kehrt sich das Verhätscheln jedoch in tödliche Vernachlässigung um. Für beides ist derselbe Instinkt verantwortlich.
Dr. Hans Löhrl von der Vogelwarte Radolfzell formuliert es so: »Es wird stets dasjenige Junge gefüttert, das beim Erscheinen eines Elternvogels zuerst das Schnäbelchen aufsperrt, also das Junge mit der schnellsten Reaktion. Es genügen dazu Bruchteile einer Sekunde im Unterschied zu den übrigen Jungen. Wenn ein Altvogel am Flugloch hängt, merkt er sich, wer der erste Sperrer war. Er schlüpft ein, und wenn dieser Erstsperrer der Hinterste und Kleinste im Nest war und alle übrigen inzwischen auch sperren, so drängt er sich zwischen ihnen hindurch und gibt jenem Hintersten das Futter.«
Das erscheint recht sinnvoll: der Hungrigste lauert nämlich am gespanntesten auf das Futter. Mit zunehmender Sättigung läßt dieses »Auf-dem-Schuß-Liegen« schnell nach, und andere, jetzt hungrigere Geschwister kommen an die Reihe. In Zeiten reichlichen Futterangebots kehren die Eltern stets schnell von der Suche zurück. Dann sättigen sie auch den letzten im Nest, bevor der Erstgefütterte wieder hungrig ist und früher als alle anderen den Schnabel aufsperrt. In mageren Jahren aber zirkuliert der Hunger unter den Jungen schneller als der Futternachschub. Und so fällt der letzte aus

dem Zyklus heraus, das heißt, er wird gar nicht mehr gefüttert.

Mit zunehmendem Alter werden die wohlgenährten Jungen im Nest allerdings gewitzter. Sie bemerken das Annäherungsgeräusch der Eltern schon vorzeitig, etwa das Flügelflattern beim Anflug. Und wenn der Futterspender im Flugloch erscheint, haben bereits alle Jungen den Schnabel weit aufgerissen. Wer soll denn nun das Futter bekommen? Von dieser Zeit an wird dasjenige Junge gefüttert, das seinen aufgerissenen Schnabel am höchsten reckt. Der Unterschied von einem Millimeter ist bereits entscheidend.

Es ist einleuchtend, daß ein Nesthäkchen, wenn es bis zu diesem Zeitpunkt nicht sein Größenwachstum aufgeholt hat, kaum noch Überlebens-Chancen hat.

Sollen wir über die Vogeleltern, die in Notzeiten ihre Nesthäkchen verhungern lassen, die Nase rümpfen?

Unter uns Menschen gibt es Mütter, die Hungers sterben, damit das Kind sein Essen bekommt. Aber unter vielen Naturvölkern, etwa den Buschmännern in der Kalahari oder den Ibo in Nigeria, ist es durchaus üblich, in der Not die jeweils jünsten Kinder der Sippe verhungern zu lassen, damit die älteren überleben.

Insofern besteht doch eine auffallende Parallele im Schicksal der Nesthäkchen bei Mensch und Tier.

13 Katzenwäsche

Von einem Tag auf den anderen war der Kater »Peterle« wie umgewandelt. Gestern noch die Stubenreinheit in Person, kleckste er tagsdarauf ein infernalisch stinkendes Häufchen mitten auf den kostbaren Perserteppich und sprühte ein Bächlein an den Kühlschrank.
Um Abhilfe zu schaffen, besorgte sich Frau Sabine Küster täglich mehr und mehr Kotschüsseln mit Sand, Erde, Torf oder Sägespänen und stellte sie an allen zuvor beschmutzten Stellen ihrer Wohnung auf. Zuletzt hatte sie zwölf Katzentoiletten im Einsatz. Aber keine wurde benutzt.
Im Gegenteil, Peterle bevorzugte nunmehr auch Frauchens Federbett zur kompakten Notdurft. Wurde das Schlafzimmer verschlossen, »begnügte« sich der Kater mit der gepolsterten Sitzecke als Abort.

Nun suchte Frau Küster die Lösung des Problems in der Prügelstrafe. Doch tagsdarauf spazierte Peterle ins Wohnzimmer, miaute laut, schaute Frauchen keß ins Gesicht und legte währenddessen ein beachtliches Häufchen auf das Plüschsofa.

Was die verzweifelte Dame nicht wissen konnte: Ihr geliebter Kater führte einen planmäßigen »Umweltverschmutzungskrieg« gegen sie. Grund der Kampfansage: Frau Küster hatte noch einen zweiten Kater in ihr Haus genommen. Und den konnte Peterle nicht ausstehen.

Zuerst zog er gegen den unliebsamen Neuling einen »eisernen Vorhand« quer durch die Wohnung. Seine Grenzsteine waren artgemäß die erwähnten Häufchen und Bächlein. Auch Bett und Sitzecke wurden weitduftend als Peterles höchstprivate Stammplätze gekennzeichnet.

Und dann, als er das Entsetzen in Frauchens Gesicht mit innerer Genugtuung bemerkte, kam dem Kater die Idee, die Verunreinigungen auch als Druckmittel gegen den Menschen zu benutzen. Kapierte Frauchen denn nicht, daß er sagen wollte: »Damit höre ich erst dann auf, wenn du den anderen Kater wieder aus dem Haus entfernt hast!«

Der Grund zur Erklärung des Unratkrieges kann in ähnlichen Fällen auch sein, daß Frauchen oder Herrchen geheiratet, daß ein Katzenhalter-Ehepaar ein Kind bekommen oder auch nur die Möbel umgestellt oder gar ihrem Tier die Liebe entzogen hat.

Vom selben Tag an, an dem Frau Küster die andere Katze wieder weggegeben hatte, war Peterle wieder blitzblank-stubenrein.

Dieser Protest mit Exkrementen ist nun allerdings kein Beweis dafür, daß Katzen besonders schmutzige Tiere wären, die den Unflat lieben und allenfalls zu einer ganz flüchtigen

Katzenwäsche fähig sind. Im Gegenteil: Diese Haustiere wählen den Dreck als Waffe nur deshalb, weil sie am eigenen Leibe das Unbehagen vor jeglicher Verschmutzung extrem stark spüren. Was ihnen selbst am unangenehmsten ist, wollen sie nun anderen zufügen.

Dies erfährt eine klare Bestätigung, wenn man sich die Mühe macht, einer Katze bei ihrer Wäsche zuzuschauen. Man braucht schon eine an Faulheit grenzende Geduld dazu. Mit der Redensart von der »Katzenwäsche« bedenken wir ja jenen Mitmenschen, der so unreinlich ist, daß er sich zur Säuberung seines Körpers nur mit etwas Spucke an winzigen Hautstellen befeuchtet und diese dann trocken reibt. Ein zweiter Vorwurf, nämlich extrem wasserscheu zu sein, schwingt hier im Unterton zusätzlich mit.

Nun, wasserscheu sind Katzen allerdings, und ihr Reinigungsmittel besteht auch tatsächlich aus Speichel.

Aber wie betreiben diese Tiere eigentlich ihre Körperpflege? Säuberungsgeräte für das Grobe sind die Hinterpfoten, die manchmal mit solchem Tempo, daß man sie nur noch verschwommen sieht, Flanken, Hals, Kinn und Kopf kratzen, bis die Fellflocken fliegen.

Die Feinarbeiten verrichten danach der Mund und, wo er nicht hinkommt, die Vorderpfoten.

Der Mund selbst besitzt gleich mehrere Reinigungswerkzeuge in einem: die Zunge, auf der winzige Hornhöcker sitzen, mit denen das Tier sein Fell regelrecht striegeln kann, sowie die Zähne, die nicht nur zum Mäusebeißen da sind, sondern auch zum Durchkämmen des Fells und zum Reinigen der voll ausgefahrenen Krallen, die im übrigen auch von Zeit zu Zeit »manikürt«, das heißt, an rauhem Holz geschärft werden.

Umgekehrt werden aber auch die Zähne regelrecht geputzt,

und zwar mit den Vorderpfoten. Sie dienen dem Tier nach einer Fleischmahlzeit zunächst mit herausgestreckten Krallen als Zahnstocher, mit dem Speisereste zwischen den Zähnen entfernt werden. Danach zieht die Katze die Krallen wieder ein, befeuchtet ihre samtenen Vorderpfoten und benutzt sie sodann als Polierzahnbürste. Auch zum Putzen des Gesichts und der Ohren befeuchtet die Katze ihre Vorderpfoten. Somit besitzt sie also auch noch einen Badeschwamm.
Daß der ursprüngliche Wüstenbewohner damit keineswegs nur eine flüchtige »Katzenwäsche« betreibt, zeigen die Ausdauer des Tieres bei dieser Prozedur und die mitunter grotesken Körperverrenkungen, um auch die ganz schwer zugänglichen Stellen zu erreichen. Da legt sich die Katze zum Beispiel auf die rechte Hinterkeule, streckt derweil das andere Bein steif nach oben, krümmt sich wie ein Gummiartist und leckt sich dann mit Behagen den Bauch.
All diese mit äußerster Sorgfalt durchgeführten Prozeduren und dazu noch das Staubbad mit anschließendem Sich-Schütteln dauern alltäglich bis zu einer Stunde und vierzig Minuten. Soviel Akkuratesse, Zeit und Mühe sollte ein Mensch erst einmal selber aufwenden, ehe er geringschätzig von »Katzenwäsche« spricht.

14 So ein Windhund

Als der Löwe die fünf Reiter in der Trockensavanne von Mali entdeckte, witterte er sofort Gefahr und floh. Doch die fünf Beduinen schlugen ihren Pferden die Hacken in die Seiten und jagten in breiter Front hinterher. Langsam verringerte sich der Abstand.

Als sie auf zweihundert Meter herangekommen waren, schrillte ein Pfiff durch die Luft, und im gleichen Augenblick sprang mitten aus vollem Galopp von jedem Sattel ein Sloughi-Windhund zu Boden und hetzte mit einer Geschwindigkeit von 60 km/h hinter dem Löwen her.

Wenige Sekunden später biß sich der Rüde El-Akhal am linken Hinterbein der Großkatze fest. Chaif nahm das linke Vorderbein, während El-Amir seine Zähne so in die Backe

des Löwen schlug, daß er selber zwar hin und her geschleudert, aber nicht gepackt werden konnte. Chalifa und Ahmed besorgten dann den Rest.
Fünf Windhunde sind also eines Löwen Tod! Für einen Leoparden genügen drei. In nordischen Ländern jagten sie einst Hirsche, Wölfe und Bären. Der größte Hund der Welt ist nicht etwa der Bernhardiner, sondern ein Windhund, nämlich der Irische Wolfshund. Er mißt bis zur Schulter 95 Zentimeter und wiegt bis zu 72 Kilogramm.
Und so etwas soll nun ein sprichwörtlicher »Windhund« sein, ein unzuverlässiger Luftikus, ein feiger, bequemer »Dünnbrettbohrer«, ein leichtgewichtiger, schnell hinwegzufegender Zimtstengel, ein Luxus-Schönling, der zu nichts nutze ist?
Die Araber, die mit ihm jagen, sind ganz anderer Meinung. Bei den Wüstennomaden steht dieser Hetzjäger als Hundearistokrat weit höher im Ansehen als alle übrigen »Köter«. Der Windhund ist für sie ein Geschenk Allahs und steht im Wert so hoch wie ein Pferd oder drei Frauen. Vielleicht wissen ihre Krieger besser über die Windhunde bescheid als über die Frauen. Bei uns jedenfalls kennt kaum einer, der sich nicht selbst solch ein Tier hält, den wahren Charakter eines Windhundes. Er ist von dem aller übrigen Hunde total verschieden.
Dieses Tier, das Löwen, Leoparden und Bären tötet, ist in der Familie des Menschen das verträglichste Geschöpf, das man sich denken kann. Es hängt mit großer Liebe an seinem Herrn oder an seiner Herrin, wie die Hamburger Hundeforscherin Dr. Ulla Schultz-Roth bestätigt. Aber alles, was der Windhund tut, geschieht nur aus freiem Willen, als Partner, nicht als Knecht des Menschen. Er verträgt keinerlei Zwang, und an Strafe darf man nicht einmal denken.

Wenn er im Freien losrennt, ist jedes Zurückrufen und Hinterherpfeifen zwecklos. Das Tier kommt von selbst wieder zurück, sobald es der Meinung ist, sich genug ausgetobt zu haben. Befehle darf man ihm nur als freundliche Einladung geben und dabei auch nicht zu viel verlangen. Andererseits darf man auch keinen Rückzieher machen, sondern muß in ebenso netter wie beharrlicher Weise auf seinem Wunsch bestehen.

Wurde hier also durch das Sprichwort das persönliche Freiheitsgefühl eines Tieres als Windbeutelei mißdeutet?

Halter anderer Hunde, die sich einen Windhund, etwa einen Afghanen, Barsoi, Saluki, Whippet oder Greyhound, anschaffen, müssen als Herren und Lehrmeister gewaltig umlernen.

Der Windhund ist somit alles andere als jener »Windhund« aus der ziemlich dummen Redensart. Sie kann nur in einem unglücklichen Zusammentreffen von Vorurteilen entstanden sein. Wer sich nur am Äußeren orientiert, also an der grazilen, vom Hauch des Luxuriösen umwehten Gestalt, und dann noch auf Produkte falscher Erziehung durch den Menschen trifft, kann vielleicht oberflächlich zur Ansicht gelangen, ein Windhund sei ein »Windhund«.

Denn nur jene Tiere, die Protestverhalten gegen unangemessene Behandlung offenbaren, taugen tatsächlich nichts. Aber die Schuld daran, wenn Windhunde einmal im Sinne der Redensart »Windhunde« sind, trägt nur der Mensch, der als »Herr« des Tieres zu flüchtig, lasch und »windhündisch« zu Werke gegangen ist.

Warum sind diese Tiere so ganz anders als die übrigen Hunde?

Von Natur aus jagen sie nicht, indem sie mit der Nase am Boden eine Spur entlang schnüffeln. Sie haben ein relativ miserables Riechorgan, aber dafür um so bessere Augen. Sie sind Jäger der Halbwüste oder der Tundra, wo Spuren schnell verwehen oder verschneien und die Beute mit den Augen erfaßt werden muß. Deshalb sind sie als Hetzjäger ebenso schnell wie ausdauernd.

Das Geheimnis ihrer Schnelligkeit liegt in der Bogenspannung des Rückens, der sich in der kurzen Schwebephase so stark krümmen kann, daß die Hinterläufe weit an den Vorderläufen vorbei nach vorn greifen können, und in der Katapultwirkung der extrem langen »Hebelarme« der Hinterbeine.

Ihre Jagdweise erfordert obendrein einen hohen Grad an Sensibilität, etwa wie bei einem hochgezüchteten Rennpferd. Windhunde brauchen fast soviel Nestwärme wie ein Menschenkind, besonders vor großen Ereignissen.

Es ist kein Witz: In der Nacht vor einem Windhundrennen nehmen viele Züchter ihren Liebling mit ins Bett, wie es schon Friedrich der Große mit seinen Windspielen tat. Dann ist das Tier auf der 480-Meter-Rennstrecke noch drei Zehntelsekunden schneller als sonst. Oder der Züchter kann am Morgen nach gemeinsam nervös durchquälter, unruhiger Nacht mit Bestimmtheit sagen: »Heute ist nichts drin«.

Es liegt also auch am »Nervenkostüm« des Tieres, an seiner Tagesform und Laune, an seiner einfühlsamen Behandlung und anderen äußeren Umständen – manch einer wäre versucht zu sagen »am Horoskop« –, ob es Spitzenleistungen vollbringt oder, so kürzlich beim Deutschen Windhund-Derby in Hamburg-Farmsen geschehen, ob es beim Start wie der Blitz aus seiner Box schießt, aber nicht hinter dem Stoffhasen herrast, sondern schnurstracks in den Schoß seines Herrn am Rande der Piste.

15 Er schläft wie ein Murmeltier

Wenn ein Mensch so richtig mit sichtlichem Genuß, gemütlich in die Federn gekuschelt und lange vor sich hin schlummert, sagt man von ihm, er schliefe wie ein Murmeltier. Aber kaum einer weiß, wie ein Murmeltier eigentlich in Wirklichkeit schläft. Zum Erklären einer menschlichen Situation greift man zu einem Tierbeispiel, das, genau genommen, keiner kennt. Eigentlich und wenn man einmal vom üblichen Vorurteil absieht, müßte dadurch alles nur noch unklarer werden. Deshalb möchte ich im folgenden versuchen, etwas Licht auf das Schlafen des Murmeltiers zu werfen.

Zunächst einmal: Wie lange schläft ein Murmeltier in seiner zwei bis drei Meter tiefen Erdhöhle in Tälern der felsigen Gipfelregion der Alpen überhaupt?

Wenn im Herbst der erste Schnee fällt, spätestens Anfang November, huscht die ganze bis zu zwanzig Tiere zählende Sippschaft in ihren im tieferen Teil des Tales liegenden Winterbau. Der Familienälteste beschnüffelt noch einmal jedes einzelne Familienmitglied, ob es nicht eine ansteckende Krankheit besitzt. Jawohl, Murmeltiere stellen ihre »ärztliche« Diagnose mit der Nase.
Es klingt hart, aber wer krank ist, wird ausgewiesen und muß draußen in der Kälte allein sterben. Doch der lebenserhaltende Sinn liegt auf der Hand: Würde sich ein Kranker mit all den Gesunden im unterirdischen Schlafkessel zu einem Haufen zusammenkuscheln, würden sich die anderen anstecken, und alle wären dem Tode verfallen.
Nach dieser Gesundheitskontrolle verrammeln die Murmelis den Eingang ihres Baues von innen mit Lehm und Steinen felsenfest und legen sich gemeinsam zum Winterschlaf, aus dem sie erst dann wieder erwachen, wenn die ersten wärmenden Sonnenstrahlen auf den stets nach Süden gelegenen Hang fallen. Das ist durchweg erst Ende April der Fall, also nach sechs Monaten, genau einem halben Jahr.
Murmeltiere, die aus irgendeinem Grund nicht in ihre talwärts gelegenen Winterquartiere umziehen konnten, sondern in Bergeshöhen um 2200 Meter bleiben mußten, begeben sich sogar schon Ende September »zu Bett« und erwachen gar erst Mitte Juni, also nach fast neun Monaten.
Aber auch während des Sommers schlummern diese wahren Schlafkünstler ausgiebig. Sie können sich diesen Luxus leisten, denn sie beanspruchen für ihre Sippe am Berghang ein Gebiet von 2000 bis 3000 Quadratmetern. Hier wachsen so viel Gräser und Kräuter, daß keiner zu hungern braucht, ja, daß jeder sogar noch viel Freizeit übrig hat zum Spielen und eben auch zum Schlafen.

Die Grasmahlzeiten werden nämlich nur zweimal am Tag eingenommen: nach dem Aufwachen am Morgen, was bezeichnenderweise erst zwei Stunden nach Sonnenaufgang der Fall ist, und abends vor dem Schlafengehen. Und Murmeltiere gehen keineswegs »mit den Hühnern« zu Bett, also um den Sonnenuntergang herum, sondern bereits zwei Stunden früher, wenn die Berge beginnen, große Schatten zu werfen. Rechnet man alles zusammen, kommt man zu dem Schluß, daß es Murmeltiere gibt, die im Laufe eines Jahres zehneinhalb Monate glatt verschlafen und nur anderthalb Monate lang die Welt im Wachsein erleben.
In früheren Jahrhunderten, als es noch keine Zentralheizung und keine Glasfenster gab, als die Bergbauern während des Winters in rauchiger, zugiger Küche um das einzige glimmernde Feuer im Herd saßen und kein Licht hatten, haben sie die Murmeltiere so sehr um ihren Winterschlaf beneidet, daß damals dieses Sprichwort entstand.
Allderdings müßte es, wenn man es ganz genau nimmt, heißen: »Er schläft *so lange* wie ein Murmeltier« und nicht einfach nur »wie«. Denn dieses possierliche Wesen schlummert in einer Art und Weise, die uns Menschen völlig fremd ist. Forscher haben kürzlich im Winter ein Murmel aus seinem Bau ausgegraben. Es fühlte sich tot, starr und eiskalt an und hatte sich kreisrund zusammengekugelt.
Die Wissenschaftler versuchten es zu wecken, indem sie mit einer Nadel in seinen Leib stachen, mit dem Messer seinen Schwanz anritzten und neben seinem Ohr mit aller Gewalt in eine Posaune bliesen wie am Jüngsten Tag. Schließlich kugelten sie es wie einen Stein den Abhang hinab. Das Murmeltier dachte gar nicht daran, aufzuwachen.
Dieser Winterschlaf ist also eine Art Scheintod-Zustand. Und das ist nun wieder etwas, vor dem uns in tiefster Seele graut.

Nichts fürchten wir mehr, als im Sarge, eingegraben in die Erde, plötzlich wieder zu erwachen, weil wir »nur« scheintot gewesen sind.
Um diesem schockierenden Ereignis vorzubeugen, müssen bei uns Leichen gesetzlich drei Tage lang aufgebahrt bleiben, ehe sie in die Erde versenkt werden. Vor nicht allzu langer Zeit gingen schaurige Geschichten über im Grab wiedererwachte scheintote Menschen durch die Presse. Vor allem in Paris waren die Menschen dadurch so sehr beunruhigt, daß man dort den Toten in den Leichenhallen Ringe an die Finger steckte, von denen Fäden zu Klingeln im Wächterzimmer führten.
Auch dann, wenn die moderne ärztliche Kunst gegenwärtig damit beginnt, Patienten vor schwierigen Operationen in Eis so stark abzukühlen, daß die Köpertemperatur absinkt, das Bewußtsein erlischt und das Herz kaum noch schlägt, ergreift uns ein höchst unbehagliches Gefühl.
Dabei geht die Abkühlung des Patienten auf 27 Grad und die Verlangsamung aller seiner Lebensvorgänge noch längst nicht so weit wie beim winterschlafenden Murmeltier, das sich auf vier Grad abkühlt.
So gesehen, bedeutet das Sprichwort »Er schläft wie ein Murmeltier« das genaue Gegenteil von dem, was es aussagen soll: einen unheimlichen oder grauenvollen Zustand.

16 Wie von der Tarantel gestochen

Der Fußball rollte ins Aus, Massimo Podesta, ein 22jähriger Italiener, wollte ihn aufheben. Da sprang er hoch, wie von der Tarantel gestochen, und schrie: »Tarantola! Tarantola!« Die anderen Spieler und die knapp fünfzig Zuschauer im kleinen süditalienischen Städtchen Castellaneta bei Tarent rannten zu Massimo. Der lag inzwischen wie gelähmt am Boden und stierte starr vor sich hin. »Du mußt jetzt tanzen. Oder du stirbst«, sagte Pater Federico zu ihm.
Atemlos brachten zwei Jungen dem Priester eine Geige, und er begann zu fideln. Erst ganz langsam, kratzig, melancholisch. Zwei jüngere Frauen schlugen mit Schellen-Tamburin und Kastagnetten den 3/8-Takt dazu. Ganz leicht durchzuckte es Massimo. Dann immer stärker. Wie eine Mario-

nette an den Fäden des Todes, so krampfte es ihn hoch. Humpelnd, stolpernd lahmte er die ersten Schritte, drohte wieder zu fallen.
Sein Freund Rossano sprang hinzu, hielt ihn fest und begann im Kreis der Zuschauer mit Massimo zu tanzen. Ganz allmählich steigerte sich das Tempo der Musik, der sogenannten Tarantella. Nach einer Stunde trat beiden der Schweiß auf die Stirn. »Er schwitzt das Gift aus!« riefen die Umstehenden. Und dann ging der Tanz erst richtig los.
Die Zuschauer stampften im Takte mit, schrien auf, und dann taumelten auch sie in den Kreis und tanzten mit, immer paarweise Mann mit Mann und Frau mit Frau, stundenlang, während die Rhythmen immer rasender wurden – bis zur totalen Erschöpfung aller.
In früheren Jahrhunderten sprangen in Süditalien von Neapel bis Tarent und in Sizilien die Tanzwut und die Massenhysterie sogar von Dorf zu Dorf über und ergriffen ganze Regionen. Eine Erscheinung, die nur mit dem Flagellantismus und dem Totentanz aus der Zeit der großen Seuchenzüge gegen Ausgang des Mittelalters zu vergleichen ist.
Die Heilung vom Spinnengift durch einen an Wahnsinn grenzenden Tanz findet man heute noch in abgelegenen Ortschaften Apuliens und Kalabriens, während die Tarantella in den größeren Städten zum Gesellschaftstanz kultiviert worden ist.
Indessen brachte und bringt die Raserei dem von der Tarantel »Gestochenen« regelmäßig Heilung ... weil das Gift dieser Spinne nämlich keinen Deut gefährlicher ist als der Stich einer Honigbiene oder Wespe.
Um genau zu sein: Eine Tarantel, also eine Spinne, sticht überhaupt nicht, weil sie gar keinen Stachel hat. Aber sie beißt und injiziert das Gift durch die beiden kanülenartigen

Kieferzangen. Das ist wichtig, denn die menschliche Haut läßt sich viel leichter durchstechen als durchbeißen. Eine Tarantelspinne ist mit einer Leibeslänge von meist nur 2,5 Zentimetern kaum größer als die bei uns heimische Kreuzspinne. Somit schaffen es nur die allergrößten Tiere, ihr Gift in unser Blut zu spritzen.

Bei kleineren Lebewesen ist das freilich anders. Ein von der Tarantel gebissener Käfer stirbt augenblicklich. Ein Maulwurf ist nach 36 Stunden tot, und ein Sperling muß sich noch drei Tage lang unter Lähmungserscheinungen quälen, ehe ihn der Tod erlöst.

Beim Menschen schwillt die Bißstelle an wie ein Bienenstich. Die Schmerzen plagen uns etwa zehn Stunden lang. Aber dann klingen sie ganz von selbst wieder ab, ob man nun die Tarantella getanzt hat oder nicht.

Bei alledem ist folgendes mysteriös: Von Bienen und Wespen werden in Süditalien tausendmal mehr Menschen gepiesackt als von Taranteln. Das lassen die Leute genauso über sich ergehen wie wir. Warum dann solches Theater um einen harmlosen Spinnenbiß?

Vielleicht ist es damit zu erklären, daß eine Spinne ein ausgesprochenes Ekeltier ist. Wie viele Menschen erschauern bei uns schon angesichts einer Spinne am Abend, obgleich diese angeblich »erquickend und labend« sein soll, wie ein anderes Sprichwort meint – und obgleich bei uns noch nie eine einheimische Spinne auch nur einem Menschen das geringste Leid zugefügt hat! Allein der Anblick widert uns an.

Hinzu kommt die seltsame Lebensweise der Tarantel. Sie gehört zur Familie der Wolfsspinnen. Das heißt, sie spinnt kein Netz, um darin Beute zu fangen, sondern sie geht auf die Jagd, eben wie ein einsamer Wolf...

Bei Anbruch der Nacht kommt sie aus ihrem Erdloch hervor,

schleicht in der Dunkelheit am Erdboden umher und stöbert unter Steinen und in allerlei Schlupfwinkeln nach Insekten. Hinter einer fliehenden Beute saust die Tarantel blitzschnell hinterher und fängt sie im Sprung. Erst wird das Opfer unter den acht langen Beinen wie in einem Käfig gefangen, dann mit giftigem Biß getötet und gleich darauf gefressen.
Spätestens bei Anbruch der Morgendämmerung sitzt sie wieder in ihrem Loch. Bei Tageslicht hat nämlich die Tarantel furchtbare Angst, und zwar vor einer Schlupfwespe, die so klein ist, daß sie der Mensch gar nicht beachtet.
Die meisten Leute, auch die Süditaliener, haben deshalb noch nie in ihrem Leben eine Tarantel gesehen, und erst recht sind sie noch nie mit ihr in Berührung gekommen, sofern sie nicht zufällig in so ein Loch gegriffen haben wie Massimo. Die Süditaliener schreckt also mehr die Angst vor dem Unbekannten und die Furcht vor einer jahrhundertealten Legende.
Vielleicht mag seinerzeit auch das Liebesspiel der Taranteln einen Vorbildeffekt gehabt haben: Aus Angst, vom Weibchen gefressen zu werden, springt das Männchen so wild um die Braut herum, als wäre es von der Tarantel gestochen. Meist kommt es dann sogar mit dem Leben davon.

17 Schwanengesang

In den ersten warmen März- und Apriltagen, in der Vorsaison, ist der Höckerschwan »Abdullah« unumschränkter Herrscher über Timmendorferstrand an der Ostsee. Mit Vorliebe versperrt der schneeweiße Vogel die Promenade zwischen stacheligem Sanddorn und Kurtaxenzaun für den gesamten Badegastverkehr.
Kürzlich geriet ich dort in einen regelrechten Touristenstau. Keiner traute sich an dem angriffslustigen Schwan vorbei. Ein Generaldirektor im Ruhestand brüllte Abdullah aus voller Kehle an. Doch der Vogel fauchte nur umso giftiger zurück. Ein anderer unwilliger Kurgast hetzte seinen Pudel auf den Schwan. Doch der attackierende Hund kriegte von den 2,20 Meter spannenden Flügeln eine gewischt und sprang Herrchen winselnd auf den Arm.

Da trat ich nach vorne und zischte laut wie eine Lokomotive beim Dampfablassen. Ohne weitere Umstände machte Abdullah kehrt und watschelte mit schwankendem Seemannsgang davon. Ich hatte mit dem Schwan auf Schwänisch gesprochen, und »Schschschsch!!« heißt nun einmal bei diesen Vögeln: »Hau ab!« Das hatte er verstanden.

Schon dieses kleine Erlebnis beweist, daß der weitverbreitete Glaube, Höckerschwäne wären stumm wie Steine, nicht stichhaltig ist. Viele Menschen meinen ja, nur in den letzten Minuten vor ihrem Tode würden diese »verwunschenen Prinzen« einen Gesang von überirdischer Schönheit anstimmen. Wie ist dieses Märchen entstanden?

Schon vor über 2300 Jahren meinte der griechische Philosoph Plato, das letzte und einzige Lied des Schwans sei ein Freudengesang, den er in dem Bewußtsein anstimme, nach dem Tode bei den Göttern ein schöneres Leben führen zu können. Aristoteles glaubte sogar, die Seelen der Dichter verwandelten sich nach dem Tode in Schwäne, wie ja auch Gottvater Zeus die Gestalt eines Schwans annahm, um die schöne Leda im Bade zu besuchen. Da kann man nur sagen: »Mein lieber Schwan!«

Die alten Griechen waren es auch, die ihre Vorstellung vom Tier auf den Menschen übertrugen. Bereits der Tragödiendichter Aischylos bezeichnete die letzten, bedeutungsvollen Worte eines Menschen vor dem Tode als Schwanengesang. Die Verklärung des Geistes im Angesicht des Todes paarten die Griechen außerdem mit der sibyllinischen Gabe der Weissagung meist schlimmer Ereignisse. Daher sagen wir noch heute »Mir schwant nichts Gutes« oder »Mir wachsen Schwanenfedern«, wenn uns eine böse Vorahnung quält.

Warum ausgerechnet der Schwan als Prophet gilt, ist mir völlig unerklärlich. Es gibt Zugvögel, die vor jedem Winter in den warmen Süden fliehen. Wir kennen sogenannte Teilzieher, die uns im Winter nur dann verlassen, wenn eine harte Frostperiode droht. Graureiher besitzen zum Beispiel eine »innere Wetterwarte«, die sie einige Tage vor einem Kälteeinbruch warnt und davonfliegen läßt. Nur Schwäne haben nicht das geringste Gespür dafür.

Gerade im harten Winter 1978 auf 1979 mußte Hamburgs Schwanenvater Harald Nieß fast täglich einige seiner Schützlinge aus dem Eis herausbrechen. Abends schlafen die Vögel auf einer offenen Wasserstelle ein, und am nächsten Morgen sind sie im Eise eingefroren: »Hellseher«, die sich sogar in so leicht zu durchschauender Gefahrensituation tödlich dumm verhalten!

Berücksichtigen wir dennoch, daß die Redensarten, die sich um den Schwan ranken, auf eine über 2000 Jahre alte, ehrwürdige, kulturhistorische Tradition zurückblicken. Deshalb will ich damit nicht allzu hart ins Gericht gehen, sondern nur lapidar die Tatsachen feststellen.

Zunächst: Schwäne sind gar nicht stumm. Sing- und Trompeterschwäne veranstalten sogar Posaunenkonzerte, vor allem in der Balzzeit.

Auch der Höckerschwan auf unseren Parkseen, so benannt nach dem kleinen, schwarzen Höcker am Oberrand des Schnabels, ist nicht zu ewigem Schweigen verdammt. Allerdings ist er schweigsam wie ein Ostfriese.

Immerhin kennen wir von ihm einen umfangreichen Sprachschatz: Will er jemanden verjagen, zischt er wie eine Schlange. Stoßartige Schnarchlaute sind das Angriffssignal. In höchster Wut kriegt er sogar einen Trompetenton zustande.

Wenn die Schwanenmutter ihre Küken, die ähnlich wie Gänse »wi-wi-wi-wi« zwitschern, anbellt wie ein Hund, ist das kein Schimpfen, sondern ein zärtlich gemeintes Locken:

»Kommt her zu mir, ich will euch wärmen!« Droht den Küken Gefahr, ruft sie die Mutter mit Lauten, die so ähnlich klingen wie »Herbert! Herbert!«

Will das Männchen sein Weibchen, dem es in lebenslanger Einehe verbunden ist, zur Paarung locken, ruft es nasal: »Chr-chr!« Ist die »Dame« gerade nicht dazu aufgelegt, signalisiert sie mit »chur-chur-chur« ihre Unwilligkeit. Hat der Schwan die Schwänin gar erschreckt, reagiert sie mit »chirr« sauer. Und »chorrr« sagt er befriedigt nach vollzogener Paarung, während der sie immerzu Schnarchlaute von sich gegeben hat.

Chr, chur, chirr und chorrr – sehr überirdisch melodiös und phantasiebegabt klingt das nicht gerade. So hat die Legende vom Schwanengesang auch eine ganz andere Ursache.

Der amerikanische Professor Daniel G. Elliot war kürzlich Zeuge eines traurigen Schauspiels: Jäger schossen fliegende Schwäne ab. Der getroffene Vogel verkrampfte die Flügel und sträubte die Federn. Im Sturz zog der Wind hindurch wie durch Äolsharfen und erzeugte ein mehrstimmiges, glasklares Singen.

Das und nichts anderes ist die erschütternde Wirklichkeit, um die sich eine beschönigende Dichtung gerankt hat.

18 *Sie turteln wie die Tauben*

Doris war ein Taubenweibchen mit ziemlich tristem Laborschicksal. Ein Jahr schon lebte sie allein in einem Glaskäfig und sah rings um sich herum nichts als die kahlen Zimmerwände. Natürlich legte sie kein einziges Ei in dieser Zeit. Tauben sind schließlich keine Haushühner.

Im nächsten Frühjahr stellte ein Zoologe unvermittelt einen zweiten Glaskäfig neben Doris. In ihm wohnte der Täuberich Sam. Beide konnten sich nur sehen, nicht aber hören, riechen oder berühren. Trotzdem dauerte es keine sieben Tage, bis Doris zwei Eier in ein Nest gelegt hatte.

Gleichzeitig und in gleicher Weise bekam die Taube Susi im Nebenzimmer nach jahrelangem Alleinsein einen Gefährten zum Betrachten durch das Glas: Potinus, ein kastriertes

Männchen, einen Eunuchen. Aber bei Susi tat sich nichts im Nest. Sie dachte gar nicht daran, Eier zu legen.
Woran hatten die beiden Weibchen erkannt, daß sie es das eine Mal mit einem potenten Männchen zu tun hatten und das andere Mal mit einem impotenten Tier?
Allein am Verhalten des jeweiligen Nachbarn. Während Potinus, der Eunuch, gelangweilt im Käfig umhertrottete und nichts außer Futterkörnern im Sinn hatte, geriet der Täuberich Sam angesichts des Weibchens in ekstatische Balzstimmung. Mit weit nach vorn gedrückter Heldenbrust paradierte er vor Doris auf und ab, verbeugte sich serienweise ruckartig vor ihr und versuchte sich in Balzspiralen zu drehen, die jedoch an der nächsten Glaswand immer wieder stolpernden Fußes ein jähes Ende fanden.
Einzig und allein der Anblick dieses Schauspiels genügte, um in dem Weibchen den Eierstock und den Eileiter gewaltig anwachsen zu lassen. Daß Doris in dieser Zeit gar nicht begattet worden war, spielte für die enorme Entwicklung dieser inneren Organe und beim Wachsen der Eier bis zur Eiablage merkwürdigerweise überhaupt keine Rolle. Nach zwangsweise platonischer Liebe legte Doris sterile Eier.
Das Entscheidende zum Anregen der Eiproduktion im Weibchen ist also die Balz des Männchens, nicht der sexuelle Akt. Durch die Balztänze des Täuberichs wird in der Taube die Ausscheidung all jener Hormone in Gang gesetzt, die Eierstock und Eileiter zur funktionsfähigen Größe heranwachsen lassen – und zwar innerhalb einer einzigen Woche. Verbindet man einer Taube die Augen, so daß sie das Liebesspiel ihres Männchens nicht sehen kann, wird sie niemals fortpflanzungsfähig. Der Täuberich kann sie dann auch so oft vergewaltigen, wie er will, es kommt nie auch nur ein einziges Ei zum Vorschein.

Diese Experimente zeigen in aller Deutlichkeit etwas, das wir Menschen bei Tieren nicht für möglich halten: Ohne Zärtlichkeit, ohne Liebeswerben, ohne eifriges Bemühen umeinander sind Tauben unfähig, Nachwuchs zu zeugen. Immer wenn wir von »tierischer Liebe« reden, glauben wir, dies könne nur die barbarische, seelenlose Form der vergewaltigenden, unpersönlichen Liebe sein. Welch horrender Unsinn! Die Natur ist kein Freudenhaus für Tiermänner!

So bewahrheitet sich angesichts der Ergebnisse der modernen Tierverhaltensforschung das Sprichwort »Sie turteln wie die Tauben« in einem für uns ungewohnten Ausmaß.

Im landläufigen Sinne gebrauchen wir diesen Ausdruck immer dann, wenn wir von einem Pärchen sagen wollen: »Donnerwetter, sind die beiden aber ineinander verliebt!«, wobei der Tenor des Außergewöhnlichen mitschwingt. Bei den Tauben sind ständige, überschwengliche Liebesbeziehungen zwischen Männchen und Weibchen jedoch etwas ganz Normales. Ohne verliebtes Getue kommen, wie wir gesehen haben, bei diesen Vögeln niemals Kinder zur Welt.

Beobachten wir ein Taubenpärchen in Freiheit, offenbart sich uns ein noch viel lebhafteres Schmusespiel, als eben in den Versuchen geschildert: Da ist einmal das von Fachleuten so bezeichnete »Verbeugungsgurren« oder »Rucksen«. In voller Stolzhaltung trippelt der Täuberich zu seiner Taube, zeigt die Schmuckfedern an seinem Hals vor, verbeugt sich dann sechsmal hintereinander tief vor der Braut und sagt dabei »turrr-turrr-turrr«. Das ist also das richtige Turrr-teln!

Dann startet er zum Balzflug. Während sich Tauben normalerweise in ziemlich flatterhaftem Flug fortbewegen, beginnt der Liebhaber nun in der Luft zu segeln wie ein kreisender Bussard und zieht mit gespreiztem Gefieder stolze Schleifen und Spiralen.

Wenn er das im Frühjahr zum erstenmal macht, gibt es auf dem Bauernhof stets eine Panik unter dem Hühnervolk. Die Hennen glauben anfangs tatsächlich, da schwebe ein Greifvogel heran, der sie fressen wolle. Es ist aber nur ein stolzer Täuberich, der seiner Braut imponieren will.
Die »Dame« sitzt derweil auf einem Aussichtsturm und putzt ihr Gefieder nach allen Regeln weiblicher Kunst, obgleich sie schon mehr als sauber ist. Aber sie weiß: Sich-Putzen erhöht den Sex-Appeal!
Schließlich kommt der Täuberich herbei, krault seine Braut im Nacken und füttert sie dann mit schmackhaften Körnern, die er aus seinem Schnabel in den ihrigen hinüberpraktiziert. Das ist der Beginn des berühmten Schnäbelns, das zu Recht als Zeichen des Verliebtseins gilt. So küssen Vögel einander. »Sie schnäbeln wie die Vögel«, sagt man ja auch ganz richtig. Zu Anfang ist es ein regelrechtes Füttern des oder der Geliebten. Allmählich schleift es sich aber ab zur leeren Formalität, daß heißt zu einem Füttern ohne Futter.

19 Männer umschwirrn sie wie Motten das Licht

»Männer umschwirrn mich wie Motten das Licht. Wenn sie verbrennen, so kümmert's mich nicht!« sang einst Marlene Dietrich als männervernichtender Vamp, als Femme fatale, im »Blauen Engel«.
Seither ist unmißverständlich, was das Sprichwort ausdrükken will: Fasziniert von einer strahlenden Erscheinung in der Finsternis läßt man sich anlocken, wohl wissend, daß enge Berührung den eigenen Untergang bedeutet. Etwas Selbstmörderisches schwingt hier mit, der Fatalismus, einer luziferischen Macht anheimgefallen und rettungslos preisgegeben zu sein.
Jeder, der in einer warmen Sommernacht eine Gartenparty miterlebt hat, kann es bezeugen: Da flackert eine Kerze in der

stillen Luft. Schon kurz darauf schwirrt ein Nachtfalter heran und kreiselt in Spiralen immer enger um das brennende Feuer herum. Jetzt muß ihm so heiß sein, daß er fliehen müßte. Aber nein, er fliegt mitten in die Flamme hinein. Ein kurzes Aufflackern, ein Zischen, und alles, was von ihm übrigbleibt, ist ein Häufchen Asche.

An dieser Erscheinung gibt es nichts zu deuteln. Aber warum handeln die Tiere so selbstzerstörerisch? Übrigens sind es nicht nur die Kleidermotten allein, die sich so absurd verhalten, sondern alle anderen Nachtschmetterlinge auch. Was fasziniert eigentlich einen Nachtschwärmer so sehr am Licht, ganz gleich, ob es ihn zu einer tödlichen Flamme hinzieht oder zu einer verglasten Laterne, die er stundenlang umgaukelt, als ob er sich von ihr nicht losreißen könnte?

Die Erklärung ist zwar nicht mystisch, aber deshalb nicht minder erstaunlich: Nachtschmetterlinge sind nämlich »Zugvögel«. Ein innerer Drang zwingt sie, über weite Strecken geradeaus in ferne Gebiete zu fliegen. Der bekannte Totenkopfschwärmer schwirrt zum Beispiel von Süditalien bis nach Schweden und Finnland. Tagsüber ruht er sich in einem Versteck aus und nachts schwirrt er weiter nach Norden.

Wie er seinen Weg findet, das gehört zu den ganz großen Wundern der Natur. Wahrscheinlich macht er es ähnlich wie die nachts und einzeln ziehenden Singvögel: Erst bestimmt er mit dem »inneren Magnetkompaß« den Nordkurs. Da es für ihn aber viel leichter ist, ein Ziel mit den Augen anzupeilen, sucht er sich einen »Leuchtturm«, nach dem er steuern kann. Von Natur aus kann dieser »Leuchtturm« nur ein heller Stern sein. Nehmen wir einmal an, der Nachtfalter hätte sich entschlossen, ein Licht halbrechts von sich im Auge zu behalten. Ist dieses Licht ein ferner Stern, hält er ihn auf ziemlich geradem Kurs, und alles geht gut. Aber wehe, der Schmetterling irrt sich und wählt statt eines Sternes eine viel heller leuchtende Straßenlaterne!

Was geschieht dann? Sein Navigations-Instinkt zwingt ihn, so zu fliegen, daß er die Laterne immer halb rechts vorn sieht. Doch der »Laternenstern« kommt schnell näher. Damit er sie nicht rechts hinten aus dem Auge verliert, muß er nach rechts schwenken. Dadurch kommt er der Lampe immer näher, muß sodann noch schärfer nach rechts abbiegen und beschreibt auf diese Weise eine Spirale, die ihn genau ins Licht hineintrudeln läßt.

Der Steuer-Instinkt des Nachtschwärmers ist von der Natur nur auf ferne Sterne ausgerichtet, um das Tier auf geradem Wege zu halten. Die Verwechslung einer Laterne mit einem Stern aber bewirkt das genaue Gegenteil: Der Schmetterling kommt auf eine zunehmend schiefe Bahn. Er will nach einem Stern greifen, aber das vom Menschen künstlich erzeugte Irrlicht leitet ihn in den Tod.

Was zu seiner Vernichtung führt, ist das Unvermögen, sein Instinkt-Verhalten an eine vom Menschen technisierte Umwelt anzupassen. Der innere Drang ist von solcher Urgewalt, daß nicht einmal die höllische Hitze in unmittelbarer Nähe des Verderbens das Tier davon abhalten kann, sich einen neuen »Leuchtturm« als Wegweiser zu suchen.

Insofern trifft das Tierbeispiel den Nagel des Sprichworts auf den Kopf: Auch alle Intelligenz des armen Professors im »Blauen Engel« konnte nichts ausrichten gegen die sexuelle Triebhaftigkeit, mit der er dem billigen Flittchen hörig war bis zum bitteren Ende. Er verhielt sich damit ähnlich wie der kleine Schmetterling, der eine ihm viel heller erscheinende Laterne dem wirklichen Stern vorzieht und dabei den Tod findet.

Kann ein Nachtfalter überhaupt Sterne erkennen? Diese

Frage hat der Berliner Forscher Dr. Karl Cleve untersucht. Das Ergebnis: Am nördlichen Firmament leuchten etwa dreihundert Sterne, die so hell sind, daß sie ein Schmetterling wahrnehmen kann. Aber das Tier sieht nur das violette Licht der Sterne. Für die Schmetterlinge sind also nur violett schimmernde Sterne hell, die dem Menschenauge dunkel erscheinen, während andere Gestirne, die hell auf uns hernieder zu strahlen scheinen, für den Nachtfalter gar nicht existieren. Er sieht also auch Sternbilder am Himmelszelt, aber ganz andere als wir.

20 Wie der Ochs vorm neuen Tore

Alm-Abtrieb in den Berchtesgadener Alpen. Prächtig geschmückt und mit läutender Halsglocke steigt die Leitkuh »Olga« den Pfad bergab zum Dorf. Vierzig andere Kühe folgen ihr. Keiner braucht ihr den Weg zu zeigen. Seit vielen Jahren kennt sie ihn ganz genau.
Gemächlich trottet sie durch die Dorfstraße zu ihrem Gehöft. Doch vor dem Tor stutzt sie und bleibt wie angewurzelt stehen. Während ihrer Abwesenheit im Sommer hat der Bauer ein neues Tor errichten lassen. Es ist viel prächtiger als das alte Tor, aber Olga ist durch keine Macht der Welt zu bewegen, hindurchzugehen. Und mit ihr glotzen alle anderen Kühe den Neubau an »wie der Ochs vorm neuen Tore« und verursachen einen Verkehrsstau auf der Straße.

Ich gebe dem Bauern ein paar Tips. Schnell lädt er etwas von dem Mist, den Olga hat hinten herauskleckern lassen, auf einen Handwagen, häufelt eine Ladung frischen Klee darüber und schiebt ihn Olga vor die Nase. Sie beginnt zu fressen und malmt den Klee auch dann noch weiter, als der Bauer den Handwagen langsam durch das Tor in den Stall zieht.
Die List hat geklappt, und nun folgen auch alle anderen Kühe ihrem Leittier. Nicht nur das Futter, sondern auch der Dung im Wagen war wichtig, denn der Eigengeruch vor der Nase gab Olga das Gefühl, schon einmal hier gewesen zu sein. Also konnte sie Vertrauen zur neuen Umgebung haben.
Aus ähnlichen Situationen entstand einst das geflügelte Wort: »Da steht er wie der Ochs vorm neuen Tore.« Man sieht, aus der Leitkuh wurde ein Ochse. Ich weiß zwar nicht, ob ein Ochse dümmer ist als eine Kuh, aber der Akzent der Dummheit wird dadurch saftig verstärkt.
Und genau das ist es, was ich gegen den Tenor dieser Redensart habe. Mit ihr will man ja sagen: »Der ist so dumm, daß er nach einer Neuerung das Alte nicht mehr wiedererkennt!« Die Unfähigkeit, mit Veränderungen fertig zu werden, soll damit gleichnishaft dargestellt werden.
Aber ist es wirklich nur die Dummheit des »Gewohnheitstieres«, die es vor dem neuen Tor begriffsstutzig werden läßt? Hierzu ein paar Beispiele: Zu Beginn des Ersten Weltkrieges wurde in der Garnisonsstadt Goslar ein Milchwagenpferd zum Militär eingezogen. Ein Hauptmann wollte auf ihm vor seiner Kompanie durch die Straßen der Stadt reiten. Aber vor jedem Haus, in dem ein ziviler Milchabnehmer wohnte, blieb das Pferd stehen, zur Freude der Soldaten und zur Schamröte des Hauptmanns. Auch Sporengeben brachte das Tier nicht von seiner Gewohnheit ab.
Vor Jahren bekam der Londoner Zoo einen wildgefangenen

schwarzen Panther. Aus der Transportkiste wurde er direkt in den Innenkäfig geschoben. Dessen Türklappe zum Freigehege steht ständig offen. Dennoch hat das Tier bis heute noch keinen Schritt in die frische Luft gewagt – aus Angst vor dem Unbekannten, das es in fremder Umgebung erwarten könnte. Ist also ein Panther genauso dumm wie ein Ochse?
Im Züricher Zoo lebte auch schon seit vielen Jahren ein Wild-Lama, ein sogenanntes Guanako, in einem Freigehege neben den Zebras. Eines Tages aber wurden die Zebras herausgeführt, und herein kam eine Yak-Kuh, also ein tibetisches Hochlandrind, gutmütig bis stur, bewegungsfaul und friedlich, aber mit schwarzbraun-zottigem Fell und Hörnern auf dem Kopf. Vor diesem Anblick bekam das Lama einen solchen Schreck, daß es mit einem Satz über den 2,20 Meter hohen Zaun sprang, was zuvor kein Fachmann für möglich gehalten hatte. Also kann bereits ein neuer Nachbar ein Tier in helle Angst versetzen.
Im Berliner Zoo schlug der neue Affenwärter Alarm. Der Gorilla »Matze« rührte schon seit Tagen kein Futter mehr an und drohte zu verhungern. Der alte Wärter wurde aus dem Urlaub herbeitelegrafiert und fand sofort, woran es haperte: Der neue Wärter hatte dem Gorilla die Futterschale in die linke Käfigecke gestellt. Der Menschenaffe war es aber seit Jahren gewohnt, sein Futter in der rechten Ecke serviert zu bekommen. Nun wollte er lieber verhungern, als neue Tischsitten anzunehmen.
Vor allem sind es Wildtiere aller Art, die im Zoo bei einer Veränderung ihrer altvertrauten Umwelt nicht nur begriffsstutzig werden, sondern mit fürchterlichen Angstzuständen reagieren. Oftmals verhalten sie sich noch viel schlimmer als die sprichwörtlichen Ochsen.
Andererseits bereitet es Zuchtstieren, die viel auf Viehmärk-

ten und landwirtschaftlichen Ausstellungen gezeigt werden, die also weit in der Welt herumkommen, nicht die geringsten Schwierigkeiten, neue Umgebungen mit weltmännischem Gleichmut hinzunehmen. Sie haben sich sozusagen an Ungewöhntes gewöhnt.

Dasselbe trifft übrigens auch für Reitpferde zu, die zu immer neuen Rennbahnen transportiert werden, sowie für Zirkustiere aller Art. Sie haben es gelernt, daß eine neue Umgebung keineswegs Lebensgefahr für sie bedeutet.

Genaugenommen ist es nur der Schutz durch den Menschen, der etwa die Zirkustiere davor bewahrt, in der Fremde unbekannten Gefahren ausgeliefert zu sein. In freier Wildbahn ist die Angst vor einem Ortswechsel nur zu berechtigt:

Ein Löwe, der sein Heimatgebiet verläßt, wird von fremden Löwen getötet. Das Zebra, das seine Weidegründe verliert, kann leicht verhungern. Das Wildrind, das neue Lebensräume sucht, kennt dort nicht die Verstecke, in denen Raubtiere lauern.

So ist die instinktive Angst, die alle Kreatur vor fremden Dingen befällt, in Wahrheit von lebenserhaltendem Wert – und keine Dummheit des »blöden Ochsen«.

21 *Du dummer Esel!*

Auf einem schmalen Pfad in der südmarokkanischen Steinwüste trieb ein junger Berber seinen schwerbepackten Esel der Oase Ouarzazate zu. Unvermittelt blieb das Tier stehen und dachte nicht daran, auch nur noch einen einzigen Schritt zu tun.

Der Berber drosch mit einem Stock auf den scheinbar störrischen Esel ein. Vergebens. Dann zerrte er am Zügel. Mit der ihm eigenen Halsstarrigkeit stemmte sich das Tier mit allen vier Beinen dagegen. Einen Schritt wurde es vorwärts geschleift, einen zweiten und noch einen dritten. In diesem Augenblick schrie der Berber auf. Eine giftige Kobra, die auf dem Pfad gelegen hatte, hatte ihn gebissen.

Wer war hier eigentlich der Dumme, der Esel, der die

Schlange rechtzeitig gesehen hatte und stehengeblieben war, oder der Mensch?
In unserer »Obhut« wird der Esel durchweg schlecht gepflegt, falsch und kümmerlich gefüttert, viel geprügelt und ist doch nicht umzubringen. Lasten, die das eigene Gewicht übersteigen, schleppt er stundenlang bergauf, ohne zu ermüden. Er erträgt Hitze bis 50 Grad wie grimmige Kälte und arbeitet schwer bis ins hohe Alter an die vierzig Jahre. Außerdem spendet die Eselin eine heilkräftige Milch, und das Fleisch hat jedermann schon gegessen – als Salamiwurst.
Es ist typisch menschlich, ein Tier, dem wir so viel verdanken wie dem Esel, obendrein noch als dumm zu bezeichnen.
Daß Esel in Wirklichkeit das genaue Gegenteil von dumm sind, soll ein Blick auf ihren Tagesablauf in der äthiopischen Wüste zeigen, wo sie heute noch in Freiheit leben.
Es war die Nacht des Leoparden. Im fahlen Schein des Halbmondes schlich er beutelüstern umher. Ein lauer Wind trug ihm Wildeselwitterung zu. Aber wo steckten diese Tiere? Lag dort nicht eines? Nein, es war nur ein Dornbusch. Oder dort, fünfzig Meter weiter? Nur ein Felsbrocken! Oder dort hinten? Wieder nur ein Busch! Wohl an die fünfzig Schatten patrouillierte der Leopard ab. Alles nichts!
Aber hier, in der Danakil-Wüste, standen Tausende solcher Schatten in der Nacht, etwa alle fünfzig Meter einer. Und nur fünfzehn davon waren tasächlich Esel. Hätten sich diese in geschlossener Herde zum Schlaf gelegt, wären sie vom nächtlichen Räuber als landschaftsunübliche Ansammlung sofort entdeckt worden. Aber am Abend zuvor hatten sich die Esel zerstreut und einzeln so in der Gegend verteilt, als wären sie auch alleinstehende Büsche oder Steine. So verlor der Leopard bald die Lust zum Weitersuchen und ließ die Huftiere ungeschoren.

Das ist bereits die erste Schlauheit der angeblich so dummen Esel.
Als die Sonne über der Wüste aufging, sammelten sich die Tiere sofort wieder zur Herde. Das war auch gut so, denn schon kurz darauf griff eine Meute von vier Hyänen an.
Sofort schlossen sich die Wildesel zu einem Kreis zusammen, die Köpfe nach innen, die Allerwertesten nach außen, die jungen Fohlen in der Mitte dieser »Ringburg« aus eigenen Leibern. Immer wenn eine Hyäne der Verteidigungsstellung zu nahe kam, keilten die Esel gewaltig nach hinten aus.
Die Angreifer merkten bald: Ein einziger Treffer von solch einem Hufschlag, und der Getroffene denkt nicht nur, ihn »tritt ein Pferd«! Er spürt es auch. Meterweit würde die Hyäne durch die Luft fliegen und eine Verletzung davontragen, die in der afrikanischen Wildnis wahrscheinlich einem Todesurteil gleichkäme. So zottelten die Räuber wieder vondannen.
Weitere Beweise ihrer Intelligenz sind die folgenden: Beim Marsch durch Wüstensand erkennt das Leittier, stets eine alte, erfahrene Stute, was wir Menschen leider nicht bemerken: den heimtückischen Schwemmsand, in dem man innerhalb weniger Minuten bis über den Kopf versinkt und unrettbar verloren ist. Esel machen stets einen großen Bogen um diese gefährlichen Stellen.
Eine Tränke liegt in der Wüste meist in einer tiefen Senke. Huftiere, die hier ausgiebig ihren Durst löschen, werden also oft von Raubtieren überrascht. Nicht so jedoch die Esel. Aus einer Herde geht immer nur ein Tier nach dem anderen zum Trinken, während die anderen ringsum Wache halten ... auch wenn ihr Durst noch so groß ist.
Ihre kluge Vorsicht ist also stärker als die Gier nach Wasser. Und das will in der Wüste schon etwas heißen!

Professor Heinz Heck hat kürzlich zahlreiche Huftiere einem Intelligenztest unterzogen, unter anderem auch Zebras, Gnus, Giraffen und Antilopen. Bei weitem die klügsten unter ihnen waren die Wildesel. Ihr Intelligenzquotient liegt sogar noch über dem der Pferde, denen man angeblich das Denken überlassen soll.

Folglich gibt es nichts Dümmeres, als den Esel ein dummes Tier zu nennen!

Ähnliches gilt übrigens auch für das »dumme Kamel«, das »dumme Schwein«, das »dumme Rindvieh« und das »dumme Huhn«, bezeichnenderweise alles Haustiere.

Es gilt ganz generell: Wenn ein Tier tatsächlich dumm, also lebensunklug wäre, hätte es schon längst im gnadenlosen Kampf ums Dasein den kürzeren gezogen. Sich nicht ausrotten zu lassen und über die Jahrmillionen hinweg als Art am Leben zu bleiben, wie es bei vielen Tierarten der Fall ist, das erscheint in dieser Perspektive als eine Fähigkeit, zu der wir Menschen wohl kaum imstande sein werden – trotz unserer ungeheuren Intelligenz.

22 Das kluge Ei

Würden Sie es für möglich halten, daß Vogeleier bereits in einer Art Schule etwas lernen und mithin also klüger werden können? Das absurd Erscheinende konnten Forscher jetzt jedoch beweisen.
In zwei Brutkästen ließen sie je zwölf Hühnereier künstlich ausbrüten. Normalerweise bekommen die in den Eiern heranreifenden Küken nur die Glucklaute ihrer Mutter zu hören. Hier, im Brutkasten A, wurde den Eiern jedoch ständig »Jingle bells, jingle bells« vom Tonband vorgespielt, während die Eier im Brutkasten B immer nur »Open the door, Richard« anhören mußten.
Als die kleinen Federflausche zwei Tage später schlüpften, sahen sie links und rechts zwei ausgestopfte, große Hühner.

Aus einem Lautsprecher im Balg des einen Huhnes erklang nun wiederum die Melodie »Jingle bells« und aus dem anderen ausgestopften Huhn »Open the door, Richard«.
Nun konnten sich die Küken frei entscheiden, welche von den beiden Attrappen ihre Mutter sein sollte. Ausnahmslos liefen sie alle zu demjenigen ausgestopften Tier, aus dem die ihnen vom Leben im Ei her vertraute Melodie erklang. Damit ist bewiesen, daß Küken bereits dann etwas lernen können, wenn sie noch »die Eierschale hinter den Ohren haben«.
So grotesk dieses Experiment erscheinen mag, so zeigt es doch etwas ganz Natürliches: Ein Küken lernt bereits als Ei-Insasse seine Mutter persönlich kennen – zwar nicht, wie sie aussieht, aber wie ihre Stimme klingt. Und wenn es dann geschlüpft ist, läuft es eben vertrauensselig zu demjenigen Wesen hin, das die ihm bekannte Stimme hat. So kann es niemals seine Mutter mit einem fremden Wesen verwechseln; es sei denn in einem »heimtückischen« Versuch der Wissenschaftler.
Wenn wir also das Sprichwort »Du kluges Ei!« in den Mund nehmen, müssen wir abermals vorsichtig sein. Man sagt es ja gern zu einem vorlauten Kind, um ihm zu verstehen zu geben, daß es im Grunde genommen noch von nichts eine Ahnung habe. Richtig ist es eigentlich nur im ausführlicheren Sinne: »Dieses Ei will klüger als die Henne sein!«
Aber die Ansicht, daß ein Ei nun total dumm sei, stimmt einfach nicht. Ebensogut, wie es mithören kann, was die Mutter sagt, darf es sogar auch schon selber mitreden, ja, mitbestimmen, und seine Mutter veranlassen, ihr Verhalten zu ändern. Wenn zum Beispiel ein Hühner- oder ein Gänseei zu stark abkühlt, etwa weil der Muttervogel es nicht mehr richtig unter seinen Fittichen hat, fängt das ungeborene Küken mit zarten, hohen Fieptönen an zu weinen und gibt nicht eher Ruhe,

bis die Mutter es mit dem Schnabel unter sich gerollt und wieder auf volle Bruttemperatur erwärmt hat.
Das ist sozusagen der Protestsong des Kükens im Ei: »Mutti, du hältst mich nicht mehr richtig warm! Schieb mich wieder ganz unter deine Federn!«
Gleichzeitig mit dem Eieinrollen fängt die Mutter aber auch schon an, sich mit ihren Eiern zu unterhalten. Eine Henne beginnt zu dieser Zeit, ihre bekannten Glucklaute zu äußern: »Keine Angst, ich bin bei euch und werde euch gleich wieder wärmen.« Das beruhigt die winzigen Gemüter ungemein.
Außer dem Kälte-Notsignal zur Mutter senden viele Vogelküken aus dem Ei auch Botschaften zu ihren Geschwistern, die auch noch im Ei sitzen. In diesen »Gesprächen« von Ei zu Ei verabreden sich die kleinen Wesen, wann sie schlüpfen wollen. Denn bei allen Nestflüchtern ist es lebenswichtig, daß alle Geschwister nahezu gleichzeitig zur Welt kommen – so ganz im Gegensatz zu den Nesthockern wie den Kohlmeisen.
Eine Wachtelhenne legt zum Beispiel bis zu vierzehn Eier in ihre Nestmulde auf dem Erdboden. Dazu braucht sie ungefähr siebzehn Tage. Die Brutzeit dauert ebenfalls siebzehn Tage. Aber trotz des großen Altersunterschiedes der Eier schlüpfen die Küken alle fast zur gleichen Stunde.
Warum? Bei Nesthockern wie unseren Amseln oder Meisen hätte das keinen Sinn. Absolut lebenswichtig aber ist es für die Nestflüchter. Die Ausgeschlüpften sind bereits vier bis sechs Stunden nach dem Auszug aus dem Eigehäuse voll lauffähig und wollen auch sogleich Bewegung haben. Die Mutter muß mit ihnen Spaziergänge unternehmen. Das kann sie aber nur, wenn sie nicht gleichzeitig noch einige Nachzügler im Nest zu betreuen hat.

Deshalb müssen sich die Eibewohner über den genauen Schlüpftermin untereinander absprechen. Etwa zwei Tage vor dem Schlüpfen, wenn die Lungenatmung (erst aus dem ei-internen Luftkissen, später durch in die Schale gehackte Löcher) einsetzt, lassen die Ältesten ein ziemlich lautes Knacken in trommelartigen Salven ertönen. Damit beginnt sozusagen der Countdown zum Start in die Welt.

Das Knack-Konzert der am weitesten fortgeschrittenen Eier beschleunigt den Herzschlag, die Atmung und den ganzen Stoffwechsel der jüngeren Geschwister so stark, daß sie schneller reifen und ebenfalls fit sind, sobald das Signal zum gemeinsamen Schlüpfen ertönt.

Umgekehrt können aber auch Nachzügler durch eine langsamere Salvenfolge ihrer Knackgeräusche den Reifeprozeß ihrer älteren Geschwister verzögern. Sie sagen ihnen gleichsam: »Wartet noch ein bißchen, bis auch wir so weit sind!« Verschiedene Rhythmen der Knacklaute spornen also das Wachstum der jüngeren Eikumpane an und verlangsamen es bei den älteren, so daß alle gleichzeitig schlüpfbereit sind. Dann, wenn alle im gleichen Takt knacken, wissen sie: Alle Mann sind klar. Und überall beginnt der Ausbruch aus dem engen Gehäuse.

Dies zeigt in ganz erstaunlicher Weise, daß sogar ein Ei gar nicht so dumm ist, wie uns das Sprichwort einreden will.

23 Er wohnt im Wolkenkuckucksheim

Schon seit Stunden ließ der männliche Kuckuck unentwegt seinen allbekannten Ruf ertönen. Doch das Weibchen in seiner Nähe antwortete nicht. Da griff der Bräutigam zu aktiver Bestechung. Er fing einen dicken Maikäfer und fütterte damit die spröde Braut, als wolle er damit sagen: »Ich kann Frau und Kinder ernähren!«

Als das auch nichts nützte, holte er feinen Reisig im Schnabel herbei und überreichte es ihr als Geschenk. Unter balzenden Vögeln heißt das soviel wie: »Ich kann Nestchen bauen!« Das fruchtete endlich. Die Braut flog näher heran und rief ... nein, nicht »kuckuck!« Das unken nur die Männchen. Sie zwitscherte: »Quick – quick – quick!«

Das merkwürdige hierbei ist vor allem, daß Kuckucksweib-

chen mit »Versprechungen« paarungswillig gemacht werden, die sinnlos sind. Denn diese Vögel bauen niemals ein Nest, bebrüten niemals Eier, füttern niemals Junge, ja, sie führen nicht einmal eine Ehe. Das Männchen verläßt das Weibchen unmittelbar nach der Paarung. Beide Eltern übertragen die schwere Arbeit der Kinderpflege fremden Vögeln.
Früher, vor Hunderttausenden von Jahren, war das einmal anders. Die Urahnen unseres Kuckucks haben ihre Kinder noch, wie sich das für einen anständigen Vogel gehört, selber aufgezogen. Eine dumpfe Ahnung davon steckt ihnen heute noch im Blut. Aber nur bei der Brautwerbung. Später, wenn die Eier gelegt werden, ist das alles wie vergessen.
Das tatsächliche Kinder-in-Pflege-geben-Verhalten des Kuckucks ist auch so außergewöhnlich, daß es den Menschen über Jahrtausende hinweg ebenso unwahrscheinlich anmutete wie dem Kuckuck vor der Paarung offenbar selber.
So ist das Sprichwort vom »Wolkenkuckucksheim« eine der ältesten Tier-Redensarten überhaupt. Es geht zurück auf den altgriechischen Lustspieldichter Aristophanes, der um 400 v. Chr. in seiner Satire »Die Vögel« mit »Wolkenkuckucksheim« wirklichkeitsferne Phantasiegebilde, utopische Vorstellungen und Luftschlösser ironisierte.
Weil die Menschen damals, vor 2400 Jahren, von allen Vögeln Nester und Jungtiere kannten und nur vom Kuckuck keine finden konnten, glaubten sie, dieses Tier würde sein Nest in den Wolken bauen.
Zwar schilderte der griechische Philosoph und Naturforscher Aristoteles bereits fünfzig Jahre später exakt, daß »Kuckuckskinder« im Gegensatz zu Waisen von fremden Vögeln aufgezogen werden, während sich die Eltern um die schweren Pflichten der Kinderpflege drücken. Aber diese Erkenntnis war so ungewöhnlich, daß sie von niemandem so recht ge-

glaubt wurde. Und das, obwohl doch Menschen leider nur zu häufig ihre Babys als sprichwörtliche »Kuckuckskinder« in fremde Pflege geben.
Erst 1788 kam es zur Wiederentdeckung dieser als verabscheuungswürdig bezeichneten Kinderbehandlung des Kuckucks durch den englischen Landarzt Dr. Edward Jenner, den Erfinder der Pocken-Schutzimpfung. Trotzdem bezeichneten Fachgelehrte diese Erkenntnis noch jahrzehntelang als »Wolkenkuckucksheim«. Womit Naturforscher bestätigten, daß ein satirisches Wort eines Komödianten von nachhaltigerer Wirkung sein kann als die von einem Naturforscher erarbeiteten Tatsachen!
Dabei ist die Geschichte, wie vor Urzeiten das kinderfeindliche Verhalten des Kuckucks entstanden sein könnte, voll erregender Einzelheiten.
Auf der Welt kennen wir 128 verschiedene Kuckucksarten. Von ihnen verstoßen nur fünfzig die eigenen Kinder. Und von diesen tun es einige etwa so wie der Vater von Hänsel und Gretel: nur widerwillig und stümperhaft.
Da ist zum Beispiel der Gelbschnabelkuckuck in Nordamerika. Er flicht sein Nest selber, obgleich ziemlich liederlich und zerzaust. Hält der windige Bau, legt er auch seine Eier hinein und brütet selber. Aber wenn ein Sturm sein Werk zerstört, hat er keine Lust mehr zum Wiederaufbau und sucht sich ein von anderen Vögeln bewohntes Nest, um seine Eier dort zu den fremden zu legen.
Indessen bleibt das Weibchen ein fairer Partner und hilft der fremden Mutter tatkräftig beim Brüten, Hudern (unter die Flügel nehmen) und Füttern der Jungen. Beide Mütter streiten sich nur selten und sorgen auch für die Kinder der anderen.
Eine andere, sehr zeitgemäße Methode hat das Weibchen des

in Afrika lebenden Spornkuckucks zum Lob der eigenen Faulheit entwickelt: Es bürdet alle Arbeit dem kleineren und schwächeren Männchen auf. Dieses muß allein das Nest bauen, die Eier ausbrüten und die Jungen sättigen. Ein Kuckucksweibchen, das seine Eier ins Nest des eigenen Männchens legt!

Außerdem haben diese Vögel die Einrichtung der Kinderkrippe erfunden. Bei einem nordamerikanischen Regenkuckuck schließen sich immer zwei Weibchen zu einer Brutgemeinschaft zusammen. Beide Familien bauen nur ein Nest und legen den gesamten Eiersegen hier hinein. So braucht immer nur einer zu brüten, während alle anderen Nahrung suchen können.

Die logische Weiterentwicklung dieses Verfahrens betreibt der Ani, der berühmte südamerikanische »Kreuzworträtsel-Kuckuck«. Bei ihm schließen sich gar bis zu sechs Paare zusammen. Dann liegen an die vierzig Eier in einem einzigen Nest, in dem dann drei Elternvögel gleichzeitig nebeneinander brüten. Allerdings sehen hier stets ein oder zwei Elterntiere in der Gemeinschaft eine Chance, sich von der Arbeit zu drücken, ohne daß es den anderen Vögeln auffällt.

So ist das »Kuckucksheim« in Wirklichkeit gar nicht in die Wolken gebaut, sondern eine Realität, aber eine mit besonderem Pfiff!

24 Eine Schwalbe macht noch keinen Sommer

»Alarm! Ein Raubvogel greift an!« Schrill vibrierte dieser Schrei durch einen Schwarm von einigen hundert Rauchschwalben, die in der Savanne am Ufer des Kongo-Flusses in Zentralafrika zwischen grasenden Antilopen nach Insekten jagten. Augenblicklich prasselten die Schwalben wie Hagelschlag in die Dornenbüsche. Der Habicht kam Sekundenbruchteile zu spät und verschwand wieder mit leeren Fängen. Das ist der Vorteil des großen Schwarmes: Hundert Augen sehen mehr als zwei. Ein einziger Späher kann Hunderte von Artgenossen rechtzeitig warnen. Ein kleiner Schwarm ist da wesentlich gefährdeter. Trotzdem kehren unsere deutschen Rauchschwalben, die im Kongo überwintern, nur in kleinen Trupps von zehn bis zwanzig Tieren zu uns zurück.

Wenn Ende März in Süddeutschland und Mitte April in Norddeutschland die erste Schwalbe auftaucht, macht sie noch lange keinen Sommer, wie das Sprichwort ganz richtig sagt. Sie ist sogar ein ausgesprochen schlechter Vorbote warmen Wetters, denn oft genug kommt der Winter wieder zurück mit Kälteeinbruch und Schneeschauern.

Und besäße die Schwalbe nicht im Gegensatz zu den meisten anderen Vögeln, die schon nach zwei Hungertagen sterben, die Fähigkeit, bis zu drei Hungerwochen in einem Unterschlupf zu überleben, müßten diese unzuverlässigen Sommerkünder alle umkommen.

Nach dem Eintreffen der Vorhut etwa in einem Dorf vergeht kaum ein Tag, an dem nicht weitere Schwalben ankommen. Aber es dauert an die sechs Wochen, bis sie alle glücklich wieder da sind. Dann ist es schon fast Juni. Also: Erst wenn die letzte Schwalbe eingetroffen ist, kommt bald der Sommer.

Die Unsicherheit im Einhalten des Fahrplans dient indessen der Sicherheit der eigenen Existenz. Der Grund zu diesem kleckerweisen Wanderzug liegt nämlich darin, daß diese Vögel die mannigfaltigsten Gefahren auf der 6000 Kilometer weiten Reise als Art nur dann überleben können, wenn sie in ganz kleinen Trupps fliegen. Begleiten wir deshalb einmal die Schwalben auf ihrem abenteuerlichen Weg.

Die Schwalbenmutter »Sylvia«, die unter unserem Walmdach genistet hatte, verbrachte den Winter am Unterlauf des Kongo-Flusses. Nachts schlief sie mit Tausenden von Artgenossen im hohen Elefantengras. Doch Ende Januar starteten die ersten in Gruppen zu zehn oder zwanzig, höchstens dreißig Tieren zum Heimflug. Zunächst ging die Reise von Sylvias kleiner Staffel genau nach Norden über die Urwälder von Gabun und Kamerun hinweg, dann über die Savannen und Steppen der Sahelzone bis zum Tschadsee.

Hier wurde ausgiebig gerastet, gefressen und Wasser getrunken, denn das ausgezeichnete Ortsgedächtnis sagte Sylvia, die den Weg schon dreimal hin und zurück geflogen war: Jetzt beginnt die 2500 Kilometer lange Durststrecke quer durch die Wüste Sahara!
Nicht von ungefähr wählten die Schwalben die alte Karawanenstraße als Reiseroute, denn hier treffen sie etwa alle 100 Kilometer auf eine Oase, in deren Dattelpalmen sie übernachten können: Koufey, Gourti, Kalankals, Agadem, Dibella. Kurz danach begann der Große Erg, eine Sanddünenregion, größer als die Bundesrepublik.
Unbarmherzig brannte die Sonne hernieder. Doch Sylvia wußte, wie man sich Kühlung verschafft: Statt wie bisher in zwanzig bis dreißig Metern Höhe zu fliegen, stiegen sie auf ein- bis zweitausend Meter hoch, wo die Temperatur zu ertragen war.
Mehrere Tage später erreichten sie das Plateau von Djado, eine Steinwüstenlandschaft, die aussieht, als hätten hier Giganten ein Gebirge zertrümmert. Und hier zeigte sich ein weiterer Vorteil der großen Flughöhe: Die Tiere konnten schon von weitem das Herannahen eines Sand- und Staubsturmes erkennen.
Im Sturzflug schossen sie auf einen schotterartigen Bergrest zu, entdeckten eine Höhle und fanden in ihr Schutz. Alle diejenigen Schwalbenstaffeln, die über der großen, keinerlei Deckung bietenden Sanddünenregion vom Sturm überrascht wurden, waren des Todes.
Das ist also das Geheimnis: Erwischt der Sturm eine Staffel, kommen zehn andere vorher und hinterher durch. Würden die Schwalben alle zugleich und in wenigen Riesenschwärmen fliegen wie die Stare zur Kirschenernte, wäre die Gefahr groß, daß sie früher oder später alle in einen Sandsturm gera-

ten und daß damit die ganze europäische Schwalbenbevölkerung mit einem Schlage total vernichtet würde.
Bei der libyschen Stadt Tripolis erreichte Sylvias Staffel die Küste des Mittelmeeres und folgte ihr bis in den Raum von Tunis. Von hier aus fliegen viele Staffeln 140 Kilometer weit übers Meer nach Sizilien, wo sie gleich von zahllosen Jägern mit Schrotflinten unter Beschuß genommen werden und von wo aus die Knallerei praktisch über ganz Italien bis zu den Alpen pausenlos weitergeht.
Sylvias Staffel aber wählte das Inselspringen über Sardinien und Korsika nach Südfrankreich und unter Umfliegen der Alpen nach Deutschland.
Die gefährlichste Station war die Südküste Sardiniens. Denn hier warteten die Eleonorenfalken in breiter Schützenlinie. Mit Todesverachtung jagten die Schwalben hindurch. Aber die eine oder andere erwischte es doch.
Von hundert Vögeln, die im Herbst von uns wegziehen, kehren im Frühjahr nur sechzig zurück. Aber flögen sie alle in einem Riesenschwarm, käme unter Umständen kein einziger wieder. Das ist der Grund, weshalb eine Schwalbe noch keinen Sommer macht.

25 Mühsam ernährt sich das Eichhörnchen

Noch ahnte Archibald, das Eichhörnchen, nicht, daß ein Habicht im Tiefflug durch den Hochwald strich. Es war gerade Erntezeit für Haselnüsse, und Archibald war voll damit beschäftigt, seine Vorratskammern für den bevorstehenden Winter zu füllen.

Dabei ging er vor wie eine rationell arbeitende Erntemaschine. Auf einem Haselast sitzend, machte er rapsch, rapsch, rapsch und hatte schon drei Nüsse im Maul. In wenigen meterweiten Sprüngen erreichte er seinen Arbeitsplatz am Boden. Zuerst die Materialprüfung. Er wog die drei Nüsse einzeln mit den Vorderpfoten. Eine wurde für zu leicht befunden. Also war diese Nuß taub, das heißt hohl. Weg damit. Gleichzeitig die Schnüffelprobe. Die zweite Nuß roch wider-

lich. Also saß eine Made darin. Weg damit. Nur eine von den dreien lohnte die schwierige Arbeit des Öffnens.
Doch wie knackt ein Eichhörnchen eigentlich eine Nuß? Sein Gebiß ist ja viel zu zart, um als Nußknacker dienen zu können. Es faßt die Nuß mit beiden Vorderpfoten und nagt vom Stielansatz bis zur Spitze eine dünne Nut in die Schale. In diesen Spalt zwängt es dann einen Zahn und hobelt wie mit einer Brechstange, bis die Schale aufspringt. Das ist eine Sache von wenigen Sekunden, denn Zeit ist Nahrung.
Das zeigte sich besonders kraß, als Archibald nun zur Ernte von Fichtenzapfen überging. Diese Speise verzehrt ein Eichhörnchen etwa so, wie wir Menschen an einem Maiskolben nagen. Nur muß jeder Same einzeln aus seiner Zapfenschuppe herausgeklaubt werden. Obendrein ist der Nährwert eines Samens ungefähr so groß, als würden wir eine Briefmarke (die Flughaut des Samens) essen, an der nur ein einziges Zuckerkörnchen (der eigentliche Same) klebt.
Forscher haben es genau nachgezählt: Ein Eichhörnchen muß täglich 190 Fichtenzapfen abhaspeln, ehe es gesättigt ist. Da es etwa alle drei Minuten einen Zapfen ernten und zerpflükken kann, bedeutet das an jedem Tag neuneinhalb Stunden Schwerarbeit. Wollte es sich der Arbeitszeit eines gewerkschaftlich organisierten Maurers anschließen, müßte das Tier verhungern.
Wenn wir also mit der Redensart »Mühsam ernährt sich das Eichhörnchen« einen Menschen charakterisieren, der mit übermäßigem Fleiß und riesigem Arbeitsaufwand nur geringe Wirkungen erzielt und sich damit so gerade eben über Wasser halten kann, so trifft der Vergleich mit dem Tier in diesem Falle wirklich den Nagel auf den Kopf.
Ja, mehr noch: Wenn wir erst im vollen Umfange wüßten, wie sehr sich ein Eichhörnchen abstrampeln muß, um sich am

Leben zu erhalten, würde sich der etwas verächtliche Beigeschmack, der diesem Spruch anhängt, in Respekt verwandeln.

Die unsäglichen Mühen, mit denen sich das Tier durchs Leben schlagen muß, sind übrigens auch der Grund dafür, weshalb sich das eigentlich so überaus scheue Eichhörnchen in unseren Parkanlagen trotzdem an den Menschen heranwagt: Ein Stückchen Keks oder eine geknackte Walnuß, die es von tierlieben Spaziergängern ergattert, erspart ihm stundenlange Arbeit.

In der Akkordhetze der Fichtenzapfenernte und bei bohrendem Hungerschmerz im Magen ließ Archibald schließlich jede Vorsicht außer acht und bemerkte den heranstreichenden Habicht nicht. Doch im letzten Augenblick hörte das Eichhörnchen noch das Alarmkrächzen eines Eichelhähers. Instinktiv flitzte es um den Baumstamm, und der Greif rauschte ins Leere. Aber als gewandter Flugartist gab er noch nicht auf. Blitzschnell kehrte er zurück. Ebenso blitzartig sauste Archibald nun aber immerzu um den Baumstamm herum, etwa dreimal in jeder Sekunde. Doch ein Habicht kann das in berserkerhaft dynamischen Flugspiralen auch. Und hätte sich Archibald dabei nicht wendeltreppenartig nach oben geschraubt und gerade noch rechtzeitig das Astgewirr der Baumkrone erreicht, in die hinein ihm der Habicht nicht folgen konnte, wäre es um ihn geschehen gewesen.

Nach solch einem Schrecken oder auch wenn ein Baummarder hinter ihm her gewesen ist und er mit dem »Fallschirm« seines buschigen Schwanzes aus 20 Meter Höhe abspringen mußte, verschlägt es einem Eichhörnchen für Stunden jeglichen Appetit. Archibald zog sich in sein kugelförmiges Baumnest, den sogenannten Kobel, zurück und verbrachte dort Stunden, ehe er sich von diesem Streß erholt hatte: verlo-

rene Arbeitszeit, die er an den folgenden Tagen mühsam wieder zulegen mußte.
Viele Menschen fragen sich, was ein Eichhörnchen in jenen Jahreszeiten frißt, in denen noch keine Nüsse und Zapfen reif sind. Im Frühjahr ernährt es sich von Knospen, Blüten und jungen Trieben. Diese gibt es in solcher Fülle, daß Archibald keinerlei Futterprobleme und viel Freizeit für Brautschau und Liebesspiele hat.
Etwas später vergreifen sich Eichhörnchen auch, das darf nicht verschwiegen werden, an Vogeleiern und Jungvögeln. Um das zu verhindern, sollte man sie gerade füttern.
Im Sommer, wenn es keine Jungtriebe mehr gibt, reifen die Zapfen, und es beginnt die Zeit, in der sich diese Tiere wirklich sehr mühsam ernähren. Dem gegenüber sind im Herbst die Nüsse satte Portionen. Aber trotzdem wird die Arbeit nicht weniger, da nun für den Winter vorgesorgt werden muß.
Bis der erste Schnee fällt, muß ein Eichhörnchen an die zehntausend Nüsse, Eicheln und Zapfen gesammelt und versteckt haben. Das verlangt ihm in den drei Herbstmonaten neben der normalen Freßzeit ein tägliches Arbeitspensum von zusätzlich etwa fünf Stunden ab. So mühsam ernährt sich also das Eichhörnchen.

26 Er holt sich den Löwenanteil

Schon seit fünf Tagen hatte das Löwenrudel kein einziges Beutetier mehr schlagen können. Die großen Gnu-, Antilopen- und Zebraherden waren längst weitergezogen. Wie ausgestorben lag die ostafrikanische Steppe in der Sonnenglut. Träge räkelte sich die Gruppe der sieben Löwinnen in einem Gebüsch auf der Kuppe eines flachen Hügels. Hin und wieder blinzelten sie über das weite Land.
Plötzlich durchzuckte es die Löwin »Elma«. Sie hatte einen einzelnen Kaffernbüffel entdeckt, der durch eine Senke trottete. Das konnte nur ein älterer Bulle sein, ein ehemaliges Leittier, das von einem Rivalen vertrieben worden war. Diese Einzelgänger sind besonders aggressiv und mit einer Muskelkraft von 16 Zentnern überaus gefährlich.

Normalerweise ist es Löwen viel zu riskant, ein solches Energiepaket anzugreifen. Nun aber war es eine Frage des Überlebens, daß sie endlich wieder etwas zu fressen bekamen. Die Jagd begann.
Sie ist allein die Aufgabe der Löwinnen. Die drei männlichen Löwen, die über das Rudel herrschten, hatten zwar sofort begriffen, daß der Kampf gleich losgehen würde, aber sie beschränkten sich darauf, den Ereignissen aus einem Versteck gemütlich zuzuschauen.
Sie sahen, wie Elma und ihre Schwester Conny die Hangrückseite herunterkamen und sich in der Senke auf die Lauer legten, um dem Büffel den Weg abzuschneiden. Die fünf anderen Löwinnen bezogen Hinterhalte links und rechts der Senke, so daß ihr Opfer in die Einkreisung hineinlaufen mußte.
Als der Büffel nur noch sieben Meter von ihnen entfernt war, sprangen Elma und Conny auf. Der Bulle warf sich herum und wollte fliehen, doch da schnitten ihm zwei andere Löwinnen den Rückweg ab. Im selben Augenblick ging er zum Gegenangriff über.
Die Löwinnen sprangen zur Seite. Doch gleichzeitg biß Conny dem Bullen in den Hinterschenkel. Er wuchtete seinen Kopf mit den einen Meter weit ausladenden Hörnern herum und traf Conny voll in der Flanke. Dann sprang Elma dem Büffel auf den Rücken und biß sich im muskulösen Stiernacken fest. Doch mit einem Ruck wurde sie wieder abgeschüttelt.
Indessen ließ die schwerverletzte Conny das Bein nicht mehr los. Eine zweite Löwin sprang auf den Nacken, wurde aber mit einer Schwenkbewegung der Hörner auch wieder heruntergewischt.
So tobte der mörderische Kampf zwanzig Minuten lang hin

und her. Dann griffen drei Löwinnen gleichzeitig an. Der Büffel strauchelte und fiel zu Boden. Nun sprang auch Elma wieder zu und verbiß sich so im rechten Horn, daß diese Stirnwaffe unbeweglich und damit gefahrlos wurde.
Das war der Anfang vom Ende. Von allen Seiten griffen die Löwinnen an. Aber es war teuer erkauftes Fleisch. Conny starb drei Tage später an ihren Wunden, und eine zweite Löwin quälte sich noch wochenlang, bis ihre Verletzungen verheilt waren.
Doch kaum war der Büffel tot, erscholl ein fürchterliches Gebrüll. Die drei männlichen Löwen, bislang nur faule Zuschauer, sprangen wutprall zwischen ihre abgekämpften Weibchen, schlugen mit den Pranken wild um sich und vertrieben die tapferen Jägerinnen von der Beute.
Diejenigen, die wirklich mit »dem Mut eines Löwen« – oder richtig gesagt, »mit dem Mut einer Löwin!« – den gefährlichen Büffel erlegt hatten, mußten heißhungrig zur Seite weichen, und zwar so lange, bis sich die »Herren« den Bauch vollgeschlagen und sich also den sprichwörtlichen »Löwenanteil« geholt hatten: als erste das Beste und meiste! Und zwar ohne Rücksicht darauf, ob für die anderen überhaupt noch etwas übrigbleibt. Nichts leisten, aber alles für sich beanspruchen!
Hier verstärkt die Realität in der Tierwelt die Aussagekraft des Sprichworts noch beträchtlich.
Wenn die Weibchen in einer Zeit der Hungersnot nur eine kleinere Gazelle erlegen, wandert diese restlos in die Mägen der faulen männlichen Tiere, die dann soviel in sich hineinschlingen, daß sie sich kaum noch auf den Beinen halten können. Währenddessen bekommen die Löwinnen, deren fürchterlichen Jagdstrapazen sie ja diese Mahlzeit verdanken, keinen Bissen davon ab.

Die Weibchen müssen erneut auf die Jagd gehen und können nur hoffen, daß die Männer im Erfolgsfall noch so satt sind, daß sie ihnen den zweiten Riß überlassen.
Am schlimmsten sind in Zeiten der Hungersnot die Junglöwen dran. Denn wie die Männchen mit den Weibchen, so verfahren auch die Weibchen mit den Jungen, also die Mütter mit ihren eigenen Kindern.
Die Löwenbabys bekommen zwar ihre Milch. Aber wenn sie etwas größer geworden sind, der mütterliche Milchquell versiegt ist und die Jungen noch nicht selber jagen können, werden sie in Notzeiten gnadenlos dem Hungertode überlassen. Das Prinzip, daß sich der Stärkste seinen Löwenanteil holt, wird eben in der Gesellschaft der Löwen bis zur letzten, grausamen Konsequenz zu Ende geführt.
So untauglich diese Maxime also für uns Menschen ist, so sehr hat sie im Reich der afrikanischen Großraubkatzen ihre Berechtigung. Die männlichen Löwen nehmen ja deshalb nicht an der Jagd teil, weil sie ihre Kampfkraft für die Abwehr fremder Löwen voll erhalten müssen. Eine Verletzung bei einem Verteidiger – und schon ist das Rudel fremden Eroberern ausgeliefert. Würden Muttertiere in der Not ihre vier, fünf oder sechs Kinder füttern, müßten sie selber sterben. Und damit wären dann auch ihre Kinder verloren.

27 Für alles einen Riecher

Eine tolle Geschichte erzählt der Afrikareisende Dr. Ernst Tiling. Spät am Abend war er im New-Ruwenzori-Hotel in Uganda abgestiegen und hatte sein Gepäck auf Zimmer 122 bringen lassen, während er an der Bar fünf oder sechs Whiskys trank. Als er dann, leicht benommen, sein Zimmer aufsuchen wollte, sprang eine kalbsgroße deutsche Dogge hinter der Theke hervor und begleitete den Neuankömmling bei Fuß.

Wie war doch gleich die Zimmernummer? Wo ging es denn überhaupt entlang? Hier rechts? Mit einem Satz versperrte ihm der furchteinflößende Hund den Weg und begann grimmig zu knurren. Aha, »privat« stand ja auch auf dem Schild. Also kehrt. Ach ja, richtig: Zimmer 122. Rechtzeitig fiel es dem Reisenden wieder ein. Kaum hatte er die Tür aufgeschlossen, drängte das Riesenvieh an ihm vorbei ins Zimmer, lief zum Gepäck, schnüffelte daran, schnupperte am Hotelgast, schnüffelte noch einmal an den Koffern und trabte dann schwanzwedelnd ohne weitere Umstände davon.

Was geschehen wäre, wenn Kofferduft und Menschenduft nicht übereingestimmt hätten, wagt man sich kaum vorzustellen. Nein, Hoteldiebe gäbe es hier nicht, bestätigte der Empfangschef, wenigstens nicht, seit der Hund seinen Dienst versähe.

Wahre Wunderdinge an Riechleistungen der Hundenase sind schon längst zur Selbstverständlichkeit geworden: das Verfolgen der Spur eines Verbrechers, wobei das Tier beim Treffen auf die Fährte auch genau erschnüffeln kann, ob der Verfolgte von links nach rechts oder umgekehrt gegangen ist – das Entdecken von Rauschgift sogar in zugelöteten Blechkanistern oder in Koffern, die mit Mottenkugeln oder Ammoniak »nasenbetäubend« gemacht wurden – das Aufspüren von Menschen, die bis zu sieben Meter tief im Schnee einer Lawine begraben liegen – das Ausfindigmachen von undichten Stellen in unterirdisch verlegten Gasrohren – das Erkennen von Erdöl –, Kohle- und Erzlagerstätten, sofern diese nicht tiefer als sieben Meter unter dem Erdboden liegen – das Erschnüffeln von Schießpulver im Terroristengepäck und vieles andere mehr.

Ohne Übertreibung können wir sagen: »Der Hund hat wirklich für alles einen Riecher.« Wenn zu diesem Sprichwort eine biologische Anmerkung nötig ist, dann nur in dem Sinne, daß jenes Spektrum von Dingen, für die der Hund einen Riecher hat, noch viel umfangreicher ist, als wir selbst nach Kenntnis obiger Aufzählung für möglich halten. Die Geschichte von dem Hotelhund deutet das schon an.

Könnte ein Hund reden wie wir, wäre er in der Lage, uns mitzuteilen, welche Menschen sich während der letzten Stunden in einem geschlossenen Raum aufgehalten haben. Berauschende und zugleich erschreckende Möglichkeiten für die Kriminalpolizei auf Mördersuche oder für eifersüchtige Liebhaber ergäben sich.

Ein Spürhund kann aber nicht nur einzelne Personen am hinterlassenen Duft identifizieren. Darüber hinaus sagt ihm die Nase Einzelheiten über deren Gemütszustand. Wenn ein Mensch Angst hat, riecht es das Tier sofort, ebenso wie Wut, Trauer oder Zuneigung.

In den USA wurde allen Ernstes schon der Vorschlag gemacht, Hunde zu »lebenden Lügendetektoren« abzurichten. Wenn ein Befragter die Unwahrheit sagt, erschnüffelt das Tier den Ruch innerer Erregung und bellt. Aus naheliegenden Gründen wurde jedoch davon Abstand genommen, den Riecher des Hundes auch für diese Dinge systematisch einzusetzen.

Bis in die feinsten Nuancierungen hinein muß ein Hund so etwas schon von Natur aus können. Wenn man mit ihm spazieren geht und er schier endlos an Baumstämmen, Hausekken und Steinen schnuppert, ist das für ihn dasselbe wie das tägliche Lesen der Gesellschaftsnachrichten oder das Zurkenntnisnehmen des Klatsches aus der Nachbarschaft für uns.

Dort riecht er zum Beispiel, daß der Fiffi von gegenüber seiner verflossenen Freundin Senta aus der Querstraße neuerdings den Hof macht. Aber eine über diese Nachricht hinweggeduschte Duftmarke des großen Bonzo zeigt an, daß dieser die neue Liaison nicht dulden will und Fiffi bei nächster Gelegenheit beißen wird.

Das sind alles Dinge, die ein Hund am Baumstamm mit der

Nase entziffert. Wenn ihn ein Mensch, der für nichts dergleichen den geringsten Riecher hat, mit der Leine zum Weitergehen fortreißt, ist das gleichbedeutend damit, einem Kind den Fernseher auszuschalten, wenn der Krimi gerade am spannendsten ist.

Es ist für uns nahezu total geruchstaube oder duftblinde (Warum haben wir, die wir eh kaum etwas riechen können, eigentlich kein Wort für diesen Mangel?) Menschen unvorstellbar, was ein Hund alles mit Hilfe seiner Nase von der Welt erfahren kann.

Folgt er einer Fährte, kann er sogar genau erschnüffeln, wie weit das Beutetier noch von ihm entfernt ist, ob sich die Verfolgung überhaupt lohnt, ob sich der Abstand verringert oder vergrößert, ob die Beute verletzt oder erschöpft ist, ob Streßduft anzeigt, daß sie den Verfolger schon erkannt hat oder nicht.

Freilebende Wölfe, die Vorfahren unserer Hunde, fällen nach diesen Informationen die Entscheidung, ob sie die Jagd aufnehmen oder sich ein anderes Opfer suchen sollen.

Sie können sich sogar, etwa im hohen Gras, so dicht an ein Kaninchen anschleichen, daß sie allein am Geruch, also ohne Sichtkontakt, bemerken: »Jetzt sind es nur noch vier Meter!« Dann springen sie blind, aber trotzdem gezielt los – meist mit Erfolg, weil sie auch dafür einen phänomenalen Riecher haben.

28 Fuchs, du hast die Gans gestohlen

Daß ein Fuchs mit Vorliebe Gänse stiehlt, ist durch das alte Kinderlied zu einer Binsenweisheit geworden. Nicht einmal Professor Erik Zimen zweifelte daran.
So hatte er auch nichts dagegen einzuwenden, als kürzlich Fotoreporter einer Illustrierten bei ihm erschienen und meinten, zu einem Bericht über den Fuchs gehöre unbedingt auch das Bild von Meister Reineke mit einer fetten Gans im Maul. Also sperrte man einen zuvor gefangenen Rotrock in das Außengehege einer Gänsefarm, während sich das Federvieh im Stall aufhielt. Bald entdeckte der Räuber auch den Durchschlupf und drang in den Stall ein. Sekunden später erscholl vielstimmiges trompetenartiges Geschrei wie einst vor den Mauern Jerichos, zwischendurch aufheulendes Winseln.

Plötzlich schoß der Fuchs wieder heraus, ohne Gans im Maul, und flitzte in den hintersten Winkel des Außengeheges – gefolgt von einer Armada zorniger Gänse. Hätte sich der Forscher nicht dazwischengeworfen, das Geflügel hätte den armen Fuchs totgeprügelt.

»Das beweist nur, daß viele Gänse des Fuchses Tod sind«, meinte der Fotoreporter. »Also laßt uns das alles mit nur einer Gans im Gehege wiederholen, und zwar mit einem anderen Fuchs, der noch nicht unter einem Gänseschock gelitten hat.«

Um fotografieren zu können, wie der Räuber dem künftigen Weihnachtsbraten an den Hals springt, wurden beide Tiere in ein anderes Außengehege gesperrt. Doch Meister Reineke dachte gar nicht daran, sich dem Mastprodukt auch nur zu nähern. Im Gegenteil. Es hatte sogar den Anschein, als schlüge er stets einen großen Bogen um die angebliche Beute, die indessen seelenruhig ihre Gräser aufschnatterte.

Doch als sie gesättigt war, war es nun die Gans, die auf Fuchsjagd ging. Zum Glück hatte Erik Zimen das Gehege im Revier des Fuchses errichten lassen. Der Rotrock konnte sich also in höchster Not stets in seinen unterirdischen Bau flüchten. So blieb die Fuchsjagd der Gans zwar stets ohne handgreiflichen Erfolg, bereitete dem Vogel jedoch ein solches Vergnügen, daß er bei jeder sich bietenden Gelegenheit die Verfolgung aufnahm.

»Geduld, Geduld!« meinte der Reporter. »Wenn der Hunger des Fuchses erst groß genug geworden ist, komme ich doch noch zu meinen Bildern.«

Aber die Tage vergingen, und Meister Reineke fraß lediglich Wühlmäuse, Eidechsen, Käfer, Heuschrecken, Schnecken, Regenwürmer und Raupen. Außerdem ernährte er sich gelegentlich von Heidelbeeren, Himbeeren und Pilzen. Ja, in ei-

nem verwilderten Garten machte er sich sogar über Pflaumen und Weintrauben her.
Der Reporter brachte nur Fotos zur Redaktion, auf denen der Fuchs statt der Gans Weintrauben im Maule trug. Womit sich denn wenigstens die La Fontainesche Fabel bewahrheitet hätte.
So muß die alte, liebgewordene Vorstellung vom Kinderlied: »Fuchs, du hast die Gans gestohlen« ins Reich der Märchen verwiesen werden.
»Im übrigen«, so resümiert Professor Zimen das Ergebnis der unfreiwilligen Experimente, »können wir den Befund, daß Füchse keine Gänse angreifen, der sprichwörtlichen Schlauheit des Rotfuchses zuschreiben.«
Eine Emdener Hausgans wiegt gut an die 12 Kilogramm, ein Fuchs im Schnitt nur etwa die Hälfte. Tötet der Räuber sein schwergewichtiges Opfer nicht beim ersten Ansprung in Sekundenschnelle, ist die Gefahr sehr groß, daß das kräftige Federvieh mit dem Flügelbug zuschlägt und dabei dem Angreifer einige Knochen bricht.
Ein Beinbruch aber bedeutet: Lahmen, Unfähigkeit zum Anpirschen, zur Jagd und zur Flucht, also den baldigen Tod durch Verhungern oder Gefressenwerden. Weshalb also solches Risiko nur für eine einzige Mahlzeit eingehen?
Da hält sich der Rotrock doch lieber an Mäuse, Würmer oder Hühner. Unsere Eierlieferanten holt er sich tatsächlich mit Vorliebe.
Nun geschieht es aber auch gelegentlich, daß der Bauer morgens in seinem Gänsestall ein gruseliges Blutbad vorfindet. Meist sind alle Tiere tot. Ihnen wurde der Kopf abgebissen. Alles ist blutverschmiert, aber ansonsten ist von jeder Gans nur ein wenig oder gar nichts verzehrt worden. Diese Untat wird dann oft der angeblichen Mordlust oder einem Blut-

rausch des Fuchses angedichtet. Im Gegensatz zum unliebsamen Besucher des Hühnerstalls handelt es sich hierbei jedoch stets um einen Steinmarder, niemals um einen Fuchs. Doch haben vor allem die Jäger den Rotrock von alters her als Konkurrenten betrachtet, da er auch hinter Rebhühnern, Fasanen, Wachteln, jungen Hasen und Kaninchen her ist. Auch ganz junge Rehkitze fallen ihm zum Opfer, wenn sie von ihrer Mutter während der Futtersuche in einem Versteck allein gelassen werden. Somit wurde und wird der Fuchs als eine Art Wilderer angesehen, der tunlichst zu erschießen ist.

Wer diesem Sündenbock dann auch noch den Gänseklau anlastete, brauchte keinen Widerspruch zu fürchten. Es war nur ein Grund mehr, damit »ihn der Jäger hole mit dem Schießgewehr«.

Die Vorstellung »Fuchs, du hast die Gans gestohlen«, ist also, ähnlich wie viele andere Spruch- und Liedweisheiten, im wesentlichen aus einem Vorurteil entstanden. Das sollte prinzipiell skeptisch stimmen.

Von der eben beschriebenen Regel gibt es, wie mir zwei Förster bestätigten, allerdings eine Ausnahme, und zwar nur dann, wenn der Fuchs (a) eine Füchsin ist, die (b) gerade Junge führt, und (c) extrem großen Hunger hat, und wenn sie (d) abseits der übrigen Gänseschar einer (e) besonders leichtgewichtigen Junggans begegnet. Aber rechtfertigt es dieser Extremfall, zum Gemeinplatz erhoben zu werden?

29 Ein blindes Huhn findet auch ein Korn

Schon seit vier Stunden mühte sich das Hühnerküken »Tina«, das Gefängnis seiner Eischale zu sprengen. Dann hatte es diesen so überaus anstrengenden ersten Schritt ins Leben geschafft und stand ganz erschöpft, naß und struppig auf der Tenne eines alten Bauernhauses.

Das erste, was ein eben geschlüpftes Küken empfindet, ist nicht etwa Hunger, sondern Durst. Doch woher soll es wissen, wie der Durstlöscher, also Wasser, aussieht? Niemand auf der Welt zeigt Tina das, nicht einmal ihre Mutter, die Glucke.

Deshalb hat die Natur jedem Küken ein »angeborenes Wissen«, also einen Instinkt, mit ins »Ei gelegt«: Immer wenn ihm dürstet, drängt es den neuen Erdenbürger ganz unbewußt, nach etwas Glänzendem zu picken. Naturgemäß ist das eine Pfütze oder, als glitzerndes Kügelchen, ein Tautropfen.

Aber wenn sich im Stall eine Glasscheibe befindet oder silbriges Aluminium, so pickt Tina auch hiernach, um ihren Durst zu löschen. Am ersten Lebenstag pickt sie sogar nach den Augen ihrer Geschwisterchen, weil sie diese mit Tautropfen verwechselt. Doch diese zucken stets schnell weg, so daß ihnen nichts Schlimmes geschieht. Und so lernt Tina sehr schnell, daß man Kükenaugen nicht trinken kann, und unterläßt es, danach zu hacken. So seltsam sieht die Welt aus, wie sie ein junges Hühnchen erlebt.

Noch wesentlich schwieriger ist es, ein Korn zu finden. Auch hier waltet die mystisch anmutende Macht eines angeborenen Wissens. Sie zwingt Tina, nach allem zu picken, was körnchengroß auf dem Erdboden liegt oder längliche Gestalt hat, also ein Wurm sein könnte. Auch hier sind zum Lebensbeginn die Mißverständnisse grotesk: Das Küken verwechselt erst seine eigenen Fußzehen, dann die seiner Geschwister mit Würmern, ehe es lernt, daß man so etwas nicht fressen kann.

Ein Körnchen erkennen und es mit einem Schnabelhieb auch treffen, ist ebenfalls zweierlei. Schon Goethe sagte: »Mancher klopft mit dem Hammer an der Wand herum und glaubt, er treffe jedesmal den Nagel auf den Kopf.« Genau damit hätte er auch die Pickbemühungen eines jungen Huhnes treffend beschrieben.

Professor Eckhard H. Hess hat regelrechte Zielversuche angestellt. Er schlug einen Nagel so in ein Holzbrett, daß der Nagelkopf noch ein paar Millimeter herausschaute. Natürlich verwechselte das einen Tag alte Küken dieses Ding mit einem Futterkörnchen und pickte drauflos: erst 23mal daneben – und erst dann gelang ihm, mehr zufällig, ein Volltreffer.

An den ersten drei Lebenstagen gelingt dem Küken das Körnerpicken nur so stümperhaft, daß man um sein Leben bangen könnte. Tatsächlich würde es auch glatt verhungern, wenn Mutter Natur nicht vorgesorgt hätte.
Tina hat nämlich aus dem Ei einen beträchtlichen Nahrungsvorrat mitgenommen: das Eigelb. Erst kurz vor dem Schlüpfen hat das Küken das bis dahin weitgehend unangetastete Dotter in sich hineingezogen. Es liegt dann in seinem Magen und hilft ihm über die schlimmste Hungersnot an den ersten drei Lebenstagen hinweg.
Nun wissen Sie also, lieber Leser, wenn Sie das nächste Frühstücksei aufschlagen, wozu das gelbe Dotter gut ist: Es muß das Küken am Leben erhalten, wenn es zum Beginn seiner Erdentage zwar tausend Körnchen findet, aber dennoch keines fressen kann, weil es fast immer daneben pickt.
Erst vom vierten Lebenstag an wird das Hühnerküken treffsicherer. Aber, und nun kommt das Merkwürdige, als Professor Hess dem Tier eine Brille aufsetzte, durch die das Küken das Futterkörnchen immer einen Zentimeter links neben der Stelle sah, an der es sich tatsächlich befand, pickte es immer und immer wieder daneben: exakt einen Zentimeter links neben das Korn.
So oft und so verzweifelt es auch pickte, es lernte niemals, den Zielfehler zu berichtigen, so wie es uns Menschen möglich ist. Aber jedesmal, wenn es ein Körnchen sah, pickte es erneut drauflos wie ein Roboter in einer automatischen Fabrik, bei dem in der Leitung irgend etwas nicht stimmt und der daher immer wieder den gleichen Fehler macht.
Verbindet man einem Huhn die Augen, so daß es überhaupt nichts sehen kann, spielt man also mit ihm »blinde Kuh«, dann unternimmt es nicht einmal einen Versuch zu picken. Es wäre ja doch alles vergebens.

Hiervon gibt es nur eine Ausnahme: Wenn man das »blinde« Huhn auf ein Tablett setzt, das zentimeterdick mit Körnern überdeckt ist. Dann hackt es wohl einmal nach unten, merkt, daß diese Tätigkeit etwas Nahrhaftes einbringt, und frißt sich dann ganz normal satt.

Aber unter den normalen Verhältnissen etwa eines Bauernhofes findet ein blindes Huhn nie und nimmer auch nur ein einziges Korn.

Mit der Redensart soll ein Mensch charakterisiert werden, der auf einem Gebiet eigentlich völlig unfähig ist, aber dennoch einmal großes Glück gehabt und einen Zufallstreffer gelandet hat. Jedoch, wie wir eben gesehen haben, ist der Vergleich mit dem blinden Huhn fehl am Platze.

Wenn es ein Korn findet, dann liegt es weder an ihm noch am Glück, sondern nur daran, daß es in einem Meer von Körnern watet.

30 Friß, Vogel, oder stirb!

Als Familie Brettschneider in den Wochenendurlaub fuhr, hatte Tochter Petra vergessen, ihren »Hansi« zu füttern, einen kunterbunten Stieglitz, der im Vogelbauer sonst immer so verwöhnt wurde. Unterwegs fiel Petra das Versäumnis ein. Aber die Familie beruhigte sich bald.

»Ein Mensch kann ja mehrere Wochen lang hungern, ohne gleich zu sterben«, meinte der Vater. »Zwei Tage ohne Futter machen dem Hansi bestimmt auch nichts aus.« Doch als die Familie am Sonntagabend heimkehrte, lag der Stieglitz tot am Boden. Er war qualvoll verhungert.

Die meisten Vögel – fette Mastgänse natürlich ausgenommen – überleben keine zwei Fastentage. Sie schweben buchstäblich dauernd am Rande des Hungertodes. So sieht die grau-

same Wirklichkeit aus, die hinter dem Sprichwort: »Friß, Vogel, oder stirb!« steht.
Wir gebrauchen es meist in einem aufs Geistige transponierten Sinne: »Diese Forderung mußt du schon schlucken, oder es ist dein Untergang!« Genauso meinte es der Straßburger Pfarrer Johann Nikolaus Weislinger, als er im Jahre 1722 eine Schmähschrift auf Martin Luther unter eben diesem Titel verfaßte: »Friß, Vogel, oder stirb!« und damit dieses geflügelte Wort aus der Taufe hob.
Ungeschrieben steht hier ein Zusatz zwischen den Zeilen: » . . . auch wenn es dir nicht schmeckt!« – ein alles andere als ein wohlmeinender Rat. Das zeigt sich an folgendem Ereignis.
Im letzten Frühjahr brachten mir Anwohner unserer Straße ein »häßliches, kleines Entlein« ins Haus, also ein ganz junges Schwanenküken. Sie hatten es irgendwo elternlos aufgegriffen, hielten es, weil es so groß war, für einen jungen Raubvogel und reichten ihm deshalb gehackte, rohe Leber als Futter. Das Schwänlein, das sich sonst ja nur von Gräsern und Kräutern ernährt, war so ausgehungert, daß es sich wohl dachte: »Friß, Vogel, oder stirb!« und die Leber gierig in sich hineinschlang.
Bald darauf wälzte es sich auf dem Boden vor Schmerzen, bekam einen fürchterlichen Durchfall und starb auf elende Weise – eben weil es gefressen hatte, und zwar das Falsche. Zu dem Sprichwort müssen wir also hinzufügen: »Aber ein Vogel, der alles frißt, stirbt auch.«
Das arme Schwanenküken muß auch nur in letzter Verzweiflung kurz vor dem Verhungern nach der Leber geschnappt haben. Denn normalerweise nimmt es nur solches Grünfutter in den Schnabel, das seine Eltern während der ersten gemeinsamen Ausflüge auf einer Wiese in den Schnabel nehmen.

Wenn diese dann zum Beispiel nur Löwenzahn aufschnattern, rühren alle ihre Küken auch nur Löwenzahn an. Setzt man anschließend die Kleinen ohne elterliche Begleitung in eine Kleewiese, fressen sie inmitten der saftigen Nahrung gar nichts, bis sie kurz vor dem Hungertod stehen. Erst dann rupfen sie den Klee, der ihnen aber, anders als die rohe Leber, gut bekommt.

Aber jetzt wissen wir, welch tödliches Risiko damit verbunden ist, wenn es heißt: »Friß, Vogel, oder stirb!«

Daß ein Vogelleben von der Kindheit bis zum Alter ständig am seidenen Faden fortwährender Futterbeschaffung hängt, widerspricht – ich muß es leider sagen – einem Bibelwort. In Matthäus 6, Vers 26, heißt es:

»Sehet die Vögel unter dem Himmel an: Sie säen nicht, sie ernten nicht, sie sammeln nicht in die Scheunen; und euer himmlischer Vater nährt sie doch.«

In Wirklichkeit gibt es keine andere Tierklasse, deren Mitglieder sich so sehr um ihre tägliche Nahrung sorgen wie gerade die Vögel.

Betrachten wir nur einmal unsere Kohlmeisen im Garten. Wußten Sie schon, daß diese kleinen Kerle eine Vorratswirtschaft betreiben, die diejenige des Hamsters weit in den Schatten stellt?

Erst kürzlich haben Forscher herausgefunden, daß Kohlmeisen im Herbst, wenn allenthalben Gräser, Blumen und Büsche Körnerfrüchte tragen, einen Großteil davon nicht an Ort und Stelle verzehren, sondern »in die Scheunen sammeln«. Das sind zwar keine spektakulären Kornspeicher wie bei den Hamstern. Vielmehr verstecken sie jedes Körnchen einzeln, und zwar in zahllosen Baumrindenritzen in der Nähe ihrer Schlafhöhle.

Eine einzige Meise lagert auf diese Weise mehr als 100000

Körnchen und sorgt so für den kommenden Winter vor. Vielleicht ist Ihnen, lieber Leser, schon aufgefallen, daß die Meisen, die im Winter zu Ihnen ans Fenster kommen, niemals Raubbau an den Talgringen und Futterbeuteln betreiben. Sie nehmen stets nur ein wenig davon und fliegen dann zu einer anderen Nahrungsquelle, um später einmal wiederzukommen.

So haben sie ständig mehrere »gedeckte Tische«. Würden sie jedes Reservoir sofort total leerfressen, wüßten sie nicht, was die Zukunft bringt. Vielleicht müßten sie dann so lange nach neuem Futter suchen, daß sie inzwischen verhungern.

Die Sorge um die Ernährung ist es auch, die alljährlich unzählige Millionen Vögel zur weiten und gefährlichen Reise in die Wärme südlicher Länder treibt. Eichelhäher sammeln enorme Eichelvorräte für den Winter. Der Sammeltrieb der »diebischen Elster« ist sprichwörtlich, erstreckt sich aber auch auf Krähen und Kolkraben.

Neuntöter und andere Würgervögel spießen in guten Zeiten zahlreiche Beuteinsekten an Dornen in Nestnähe auf, damit ihre Jungen im Nest auch bei Regenwetter gefüttert werden können.

Diese und ungezählte ähnliche Wunder geschehen ständig im gesamten Vogelreich, damit die Überlebensparole: »Friß, Vogel, oder stirb!« jederzeit nur im unschädlichen Sinne befolgt werden kann.

31 Die Katze läßt das Mausen nicht

»Sirikit« war so ein richtiges Sofakätzchen, sofern sie nicht auf dem Schoß ihrer alleinstehenden Besitzerin saß. Sehr wählerisch fraß sie nur vom Allerbesten, Dach-Abenteuer waren ihr zuwider, und eine Maus hatte sie ihr Lebtag noch nicht gesehen.
Eines Tages steckten böse Buben, die jene alte Dame ärgern wollten, eine lebende weiße Maus durch den Briefschlitz der Haustür. Sirikit bemerkte das durch den Spalt der Wohnzimmertür. Blitzartig funkelte etwas zuvor noch nie an ihr bemerktes Bestialisches aus ihren Augen. Ihr Schwanz zuckte wie der eines Tigers. Mit berserkerhaften, wilden Sprüngen spurtete sie los. Sekunden später piepste die Maus zwischen den Krallen ihrer Vorderpfoten.

Die alte Dame wußte nicht, worüber sie mehr erschrecken sollte: über die Maus oder über das Barbarische, das so urplötzlich in ihrem geliebten Kätzchen zum Durchbruch kam. Dieses Ereignis scheint das Sprichwort »Die Katze läßt das Mausen nicht« zu bestätigen. Damit soll ja folgendes zum Ausdruck gebracht werden: Auch wenn das Tier von klein auf und noch so lange in friedlicher, kultivierter Umgebung gelebt hat, auch wenn es sich die ganze Zeit über nur als braves Schmusekätzchen gezeigt hat, kann eines Tages doch seine »wahre« Natur in ihm hervorbrechen. Raubtier bleibt eben Raubtier.

Das ist natürlich ein sehr gefährliches Vorurteil, wenn man es auf den Menschen überträgt. Dann heißt es nämlich soviel wie »Verbrecher bleibt Verbrecher«. Weder Strafen noch Resozialisierungs-Maßnahmen können ihn je bessern. Deshalb müssen wir uns ernstlich fragen, ob diese Redensart auch wirklich stimmt. Für Katzen kann ich das beantworten.

In einem Experiment ließ der amerikanische Professor Z. Y. Kuo 21 junge Kätzchen in der Pflege ihrer Mütter aufwachsen. Wie üblich zeigten die Muschimütter ihren Kindern auch, wie man Ratten fängt und tötet. Später, als diese 21 Tiere erwachsen waren, brachte man sie mit Ratten zusammen. Achtzehn davon erwiesen sich sofort als perfekte Killer. Nur drei besaßen wohl nicht genug Mut oder Geschicklichkeit zur Jagd und ließen die Ratten leben.

Wie aber würden sich die Katzen verhalten, wenn sie nie zuvor in ihrem Leben das Töten eines anderen Tieres gelernt oder mit angesehen hätten! Zwanzig Kätzchen wuchsen in einer solchen Welt des Friedens auf. Als sie groß waren, sahen sie zum erstenmal Ratten. In neun von diesen zwanzig Katzen brach der Jagdtrieb durch. Von dieser Sorte muß auch Sirikit gewesen sein. Aber immerhin waren es aus dieser Erzie-

hungsgruppe schon elf, die sich nicht an Beutetieren vergriffen.
Könnte man Katzen nicht noch friedvoller erziehen? Achtzehn Jungmuschis ließ der Professor gemeinsam mit Rattenkindern aufwachsen. Sie freundeten sich miteinander an und spielten zusammen. Dann wurden sie getrennt. Ein Jahr später ging die Tür zum Katzengehege auf, und fremde Ratten wurden hereingelassen.
Jetzt waren es nur noch drei Katzen, in denen mörderische Gelüste erwachten. Aber zum Beuteschlagen kamen sie nicht, denn die fünfzehn anderen Katzen verteidigten die Ratten gegen ihre rabiaten Artgenossen. Dann fingen sie sogar an, die geretteten Ratten abzulecken und zu putzen, als wären es ihre Kinder, und zart mit ihnen zu spielen. Bei diesem paradiesischen Freundschaftsverhältnis blieb es dann.
Zwar lauert das Raubtier jederzeit im Katzenblut, aber bei richtiger Erziehung läßt die Katze eben doch das Mausen.
Dennoch kann der schlummernde Jagdinstinkt einer friedlichen Hauskatze mitunter das Leben retten.
Einer meiner Leser, Herr A. H. von Schlick, berichtet über seinen Kater Felix folgendes: Vor einer Auslandsreise brachte er Felix in ein Tierheim und glaubte, nun sorglos fahren zu können. Doch schon wenige Tage später rief ihn ein Telegramm zurück: »Lebensgefahr! Kater verweigert Nahrungsaufnahme.« Aus Kummer über die Trennung von einem geliebten Menschen hungern sich diese Tiere oftmals zu Tode. Doch als Herrchen sein Tier wieder bei sich hatte, dachte Felix gar nicht daran, seinen Hungerstreik zu beenden. Weil man ihn im Stich gelassen hatte, war er so beleidigt, wie nur Katzen schmollen können. Er rührte nicht die schönsten Leckerbissen an, die ihm im Napf vorgesetzt wurden, und magerte besorgniserregend ab.

Eines Abends saß er ganz apathisch auf dem Sofa, als ein dikker Brummer im Lichtschein der Stehlampe summte. Da durchzuckte es Felix. Er sprang nach der Fliege und verfehlte sie. Herrchen aber kam sogleich die Idee, Fleischstückchen an einen Zwirnsfaden zu hängen, damit zu pendeln und »Brummer zu spielen«. So weckte das Jagdfieber wieder die Lebensgeister. Acht Tage später war Felix wieder putzmunter.

Ein Glück also, daß die Katze das Mausen nicht sein lassen konnte.

32 Arm wie eine Kirchenmaus

»Bedauern Sie nur nicht meine Kirchenmäuse«, scherzte unser Pfarrer im Gespräch, »denn in Gottes Räumen gibt es wenigstens keine Katzen. Und der Herr ernährt sie auch hier.« Wovon nun aber eine arme, kleine Kirchenmaus lebt, das war bislang ein großes Rätsel. Etwa von den Brotkrümeln einiger Gottesdienstbesucher, die in den Stuhlreihen heimlich eine Stulle verzehren? Unmöglich, denn in der Kirche denkt kaum jemand an sein leibliches Wohl.
Oder von den Oblaten? Die sind knabbersicher weggeschlossen. Andere Lebensmittel gelangen niemals auf keinem nur denkbaren Weg in eine Kirche. Und dennoch leben tatsächlich Mäuse in den heiligen Hallen. Wie halten sie sich überhaupt am Leben? Sind sie wirklich so arm dran, daß man sie

bedauern muß wie jene armen Menschen, die zwar gottesfürchtig immer in die Kirche gehen, aber materiell so schlecht gestellt sind, daß man sie sprichwörtlich als »arme Kirchenmäuse« bezeichnet?

Verhaltensforscher hat diese Frage nicht ruhen lassen. Sie legten sich viele Nächte lang in einer alten Dorfkirche auf die Lauer. Um zu erkennen, was hier gespielt wurde, hatten sie Infrarot-Scheinwerfer aufgestellt. Diese strahlen ein Licht aus, das weder Menschen noch Mäuse sehen können. Aber durch den Blick in ein spezielles Empfangsgerät wird die Nacht zum Tage, in der Finsternis Verborgenes sichtbar, ohne daß sich die beobachteten Mäuse bewußt wurden, daß jeder ihrer Schritte genau wahrgenommen wird.

Mit diesem »Spionagegerät« entdeckten die Forscher bei den Kirchenmäusen Dinge, die an die Künste der Heinzelmännchen in unseren Märchen erinnern.

Als alles still und scheinbar dunkel war, kamen sie aus ihren Löchern getrippelt. Zunächst patrouillierte jedes Mäuschen seine »privaten« Weidegründe ab, ein jedes seine Fenster, sein Gestühl oder Gebälk. Hauptziel der Suche waren Spinnweben, die verzehrt wurden wie Honigwatte. Die Spinnen selbst bekamen die Mäuse kaum zu fassen, da sich diese schnell in engen Ritzen versteckten.

Dann verstanden es die Mäuschen, tote Fliegen aufzuspüren, die meist auf den Fensterbänken zu finden waren. Sie wurden verschlungen wie wahre Festtagsbraten. Aber zur Sättigung reichten sie nicht annähernd aus.

Anschließend machten die grauen Nagetierchen wieder zwischen den Stuhlreihen die Runde und hielten sich dort mehrere Stunden lang auf. Sollten sie dort doch Brotkrümel finden? Die nähere Untersuchung ergab etwas Groteskes: Die Mäuse fraßen Staub!

Woraus besteht eigentlich Staub? Zu 20 Prozent aus abgewetzten Textilfasern und zu 80 Prozent aus winzigen Schuppen der menschlichen Haut. Hierauf hatten es die Mäuse abgesehen.
Dieses »Menschenfleisch in Pulverform«, das während des Gottesdienstes aus der Kleidung rieselt, ist ja Eiweißnahrung. In einem gewissen Sinne sind Kirchenmäuse also Menschenfresser.
Ich bin sogar versucht, diese Tierchen wiederum in Arm und Reich zu unterteilen. Die Reichen haben das Glück, eine Kirche zu bewohnen, deren Gemeinde immer zahlreich zu den Andachten erscheint. Die Armen hingegen in einer Kirche, deren Pastor nur vor leeren Bänken predigt, sind wirklich arm dran.
Eines Tages entdeckten die Forscher abermals etwas Außergewöhnliches: Tags zuvor hatten Glaser einige Fenster nachgekittet. Schon in der ersten Nacht danach machten sich die Mäuslein an eben diesen Fenstern zu schaffen. Und am nächsten Morgen war der ganze frische Kitt aus den Fensterrahmen verschwunden.
Die »Diebe« wurden auch durch einen Inidzienbeweis überführt. Überall im ganzen Kirchenschiff verstreut lagen nämlich zahlreiche Krümelchen Mäusekot herum. Doch sie waren nicht wie üblich dunkelgrau, sondern schneeweiß. Die Tierchen hatten also den ganzen Kitt gefressen, aber lediglich das Öl der Kittmasse im Leib behalten und die Menge der übrigen, ungenießbaren Substanzen einfach wieder ausgeschieden.
Die materiell so schlecht gestellten Kirchenmäuse sind also überaus reich an Erfindergeist, um auch das Äußerstmögliche für ihre Ernährung prompt zu entdecken und zu nutzen. Man sollte sie nicht nur bedauern, sondern auch bewundern.

Übrigens sind es heute nicht nur Kirchenmäuse, die mit der Knappheit leben müssen, sondern alle Hausmäuse. Die Einführung der Kühlschränke, in die sie ja nicht eindringen können, ließ auch für sie eine schwere Zeit anbrechen. In den Speisekammern sind ja fast nur noch Konservendosen zu finden.
Allerdings bieten diese den Mäusen trotzdem einen Gang ihres Menüs: Sie nagen die Etiketten ab. Papier ist zwar völlig unverdaulich, aber der Leim, mit dem es an die Dosen geklebt wurde, enthält auch nahrhafte Substanzen.
Eine andere Frage ist, wie arme Kirchenmäuse die Winterkälte überleben. Da kommen ihnen die modernen Zentralheizungen mit ihren Rohrsystemen, die so echt nach dem Geschmack der Nagetierchen sind, sehr gelegen. Hinzu tritt, daß die Mäuse es gelernt haben, von Kunststoffen perfekten Gebrauch zu machen.
Sie nagen die Kunststoff-Isolation von den Heizungsrohren und schlagen so gleich zwei Fliegen mit einer Klappe: Sie gewinnen Polstermaterial für ihre Nester, und sie haben es beim Laufen auf ihren Rohrpfaden nicht mehr fußkalt.
Kommentar des Pfarrers, als ihm die Ergebnisse der Wissenschaft mitgeteilt wurden: »Meine Mäuse ernähren sich eben von Wundern!«

33 Todesboten und Glücksbringer

Schwerkrank lag Großmutter im Schlafzimmer des alten Bauernhauses. Die Nacht war schon hereingebrochen. Linde Sommerluft drang durch die weit geöffneten Fenster. Plötzlich schwirrte ein Nachtfalter herein und gaukelte mit penetranten Zirpgeräuschen um die Nachttischlampe. Die Krankenpflegerin schlug das lästige Insekt tot. Dann schrie sie laut auf. Der Rücken des toten Nachtfalters zeigte das Bild eines bleichen Totenkopfes. Noch in der gleichen Nacht verstarb die Kranke.

Seit Jahrhunderten gilt bei uns jener Schmetterling mit der makabren Rückenzeichnung, zoologisch »Totenkopfschwärmer« genannt, als Vorbote des Sensenmannes. Dabei trägt er die gruselige Zeichnung, die wir als Totenkopf deuten, eigentlich von Natur aus nur, um Vögel zu erschrecken, die darin lediglich die Warnfarbe erkennen: »Vorsicht! Friß mich nicht, denn ich bin giftig!«

Hinzu kommt noch, daß der Totenkopfschwärmer von zwei Dingen angelockt wird: nächtens vom Licht wie jede Motte und vom Duft des Honigs, der früher oft zum Süßen des Tees am Krankenbett stand. Einen »Todeshauch« wittern kann das Tier jedoch nicht. Da es seine Eier an Blätter legt und nicht an Aas, hat es auch gar keinen Grund, tote oder sterbende Lebewesen aufzusuchen.

Doch immerhin zeigt dies Beispiel jene Wahrheitskörnchen, die zu diesem Aberglauben geführt haben. Zufällige Begleiterscheinungen und falsch gedeuteter Symbolgehalt der Totenkopfzeichnung führten dazu, daß die Ausnahme zur Regel erhoben wurde. In tausend Fällen ist der Kranke, in dessen Zimmer sich der Schmetterling verirrte, wieder gesund geworden. Aber geredet und geraunt wurde nur über den einen Fall, der tödlich verlief.

Seltsamerweise gelten einige andere Tiere sowohl als Todesboten wie auch als Glücksbringer. Wer schlägt bei uns nicht drei Kreuze, wenn ihm eine schwarze Katze über den Weg läuft? In früheren Jahrhunderten wurden Katzen sogar auf dem Scheiterhaufen verbrannt, weil man glaubte, sie steckten mit Hexen unter einer Decke. Andererseits wurden Katzen im Ägypten der Pharaonen als heilige Tiere verehrt, weil man glaubte, sie stünden der Gottheit nahe.

Sind Katzen nun Heilige oder Hexen? Der Beweggrund, sie in den Bereich des Magischen zu rücken, liegt allein in dem undurchschaubar-unergründlichen Wesen dieser Tiere, wie es von Menschen, die der Katzen Seele nicht genau kennen, immer wieder nur gefühlsmäßig, jedoch völlig irrig empfunden wird.

Ebenso doppelbödig sind unsere Gefühle der Hausgrille, dem Heimchen, gegenüber. Zirpt es am Herd, ist alles in Ordnung. Schrillt es aber in einem anderen Raum als der Küche, gilt es als Todeskünder.

Auch in diesem Aberglauben steckt ein Körnchen Wahrheit: Nur dort, wo ein Schwerkranker im Zimmer lag, wurde früher, als es noch keine Zentralheizung gab, ebenso mollig geheizt wie in der Küche mit Kohleherd. Also stellten sich auch dort die wärmeliebenden Heimchen ein. Sie suchen Wärme, nicht den Ruch des Todes.

Umgekehrt erhob ein anderer Aberglaube diese kleinen Tierchen in den Rang von Glücksbringern. Wenn es des Nachts zirpt, sagt man, soll Reichtum ins Haus stehen. Dies ist jedoch ein psychologisch erklärbarer Selbsthilfetrick. Wie jeder weiß, der schon einmal ein Heimchen im Hause gehabt hat, zirpt es die ganze Nacht über fast pausenlos. Es aufzuspüren und zu beseitigen, ist jedoch ein stets zum Scheitern verurteiltes Unterfangen.

Spürt nämlich das Heimchen die leisen Schritte eines auf Sokken heranschleichenden Menschen, verstellt es die Flügel, durch deren Zusammenreiben das Zirpen entsteht. Dadurch wird der Schall in eine andere Richtung gelenkt. Der Mensch meint, das Tier hätte seinen Standort gewechselt, und tappt in die Irre.

Empfindsame Menschen bringt das Heimchen leicht um den Schlaf, ohne daß man etwas dagegen tun kann. Glaubt man aber, das Tier sei ein Glücksbringer, so schläft man trotz des Dauerkonzerts beruhigt und glückselig im Vorgefühl eines baldigen Erfolges wohlig ein.

Ebenfalls ein Glücksbringer soll der Kuckuck sein. Hört man ihn rufen, greift man schnell zur Geldbörse und glaubt, daß sich die finanzielle Lage daraufhin erheblich verbessern werde. Aber wie der Kuckuck in den Ruf des Geldvermehrers gekommen ist, das weiß – hol's der Kuckuck! – nur der Kuckuck.

Zum Mystischen scheint auch die Magie des Reimes zu gehören. Zum Beispiel: »Spinne am Morgen bringt Kummer und Sorgen; Spinne am Abend, erquickend und labend.»

Diese Spruchweisheit hat einen grotesken Bedeutungswandel durchgemacht. Ursprünglich hieß es: »Spinnen am Morgen ...« Gemeint war also die Tätigkeit der Garnherstellung am häuslichen Spinnrad. Erst später, als die textile Heimarbeit aus der Mode kam, wurde im Sprichwort die Spinne, das langbeinige Ekeltier, daraus.

Daß sich dieser Wortwandel im allgemeinen Sprachgut über ganz Deutschland verbreitete, kann außer an der Magie des Reimes nur daran liegen, daß auch hier etwas Zutreffendes zum Anklingen gebracht wurde.

Um zu verstehen, was hinter diesem Aberglauben steckt, muß man die Dinge abermals nicht vom Standpunkt einer Großstadt-Etagenwohnung betrachten, sondern von dem des Bauernhauses, in dem dieses Für-wahr-Halten naturgesetzlich nicht erklärbarer Kräfte einst entstanden ist.

Wie die Schwalben beim Nahen schlechten Wetters tief fliegen, weil die Fluginsekten, die sie fangen wollen, dann nur noch dort zu finden sind, so suchen auch die Spinnen, wenn Regen droht, in trockenen Häusern Unterschlupf. Wenn sie der Bauer also morgens in seinem Haus antrifft, bedeutet dies oft, daß Heu und Korn draußen nicht trocknen, nicht eingefahren werden können und unter Umständen verfaulen.

Die Spinne, die man am Abend im Hause sieht, hält sich dort natürlich aus dem gleichen Grunde auf wie am Morgen. Doch der Aberglaube verleiht ihr mit einem Mal einen positiven Effekt. Warum? Viele Leute ekeln sich vor Spinnen. Ja, bei dem

Gedanken, so eine langbeinige Giftspritze könne einem im Schlaf über das Gesicht oder in die Hosenbeine kriechen, vergeht vielen sogar die zum Einschlafen nötige Ruhe.
Man ist geneigt, alle Spinnen, die man im Schlafzimmer sieht, totzuschlagen. Aber das ist auch nicht gut. Denn alle mitteleuropäischen Spinnen sind nicht nur harmlos, sondern sie vertilgen viele Schadinsekten. So soll der Aberglaube, Spinnen am Abend brächten Glück, diese nützlichen Tiere schützen und dem Menschen gleichzeitig die zum Einschlafen nötige innere Ruhe verleihen.
Aberglaube schützt viele Tiere vor dem Getötetwerden. Aber mindestens ebenso viele hat er an den Rand der Ausrottung gebracht.
Als vor zwei Jahren die deutsche Jägerschaft von staatlichen Stellen aufgefordert wurde, auf die sich derzeit stark vermehrenden Schwäne zu schießen, ist kaum ein Waidmann diesem Ersuchen nachgekommen. Zu tief verwurzelt ist die alte Märchenvorstellung vom Schwan als einem verwunschenen Prinzen. Man bringt es einfach nicht übers Herz, ihn zu töten. Einen Storch, den »Babybringer«, zu braten, würde wohl jedermann erst recht als scheußliches Verbrechen betrachten, obwohl eine ziemlich dumme Redensart dazu auffordert.
Im von Menschen überquellenden Indien gäbe es heute wahrscheinlich überhaupt keine Rhesus- und Hulman-Affen und auch keine Kühe mehr in den Straßen der Städte, würden sie nicht als heilige Tiere verehrt und geschützt.
Auch in einigen afrikanischen Staaten, so etwa in Guinea und Senegal, sind heute wildlebende Schimpansen nur noch deshalb am Leben, weil dort der Aberglaube herrscht, in diesen Tieren wohnten die Geister verstorbener Menschen.
Geradezu katastophal wirkt es sich jedoch für eine Tierart aus, wenn sie in den Ruf gerät, sexuell stimulierende Substan-

zen zu enthalten, ob das nun stimmt oder nicht. Das ist zum Beispiel beim Nashorn der Fall. Vom erlegten Tier wird das Horn abgeschlagen und zu Pulver zermahlen. Einem Tee beigemischt, soll es dem Manne die Stoßkraft des Nashornes verleihen – ein grotesker Symbolismus, in dem nicht das kleinste Körnchen Wahrheit steckt. Trotzdem ist der Glaube daran nicht auszurotten. Deshalb stehen heute das indische Panzernashorn und das afrikanische Breitmaulnashorn auf der Liste der vom Aussterben bedrohten Tiere.

Wir Mitteleuropäer sind da auch nicht besser. Noch vor wenigen Jahrzehnten glaubten viele Leute, das Murmelöl, der flüssige Fettvorrat des Alpenmurmeltieres, den es als Nahrungsvorrat zum Überleben des Winterschlafes braucht, sei für uns Menschen eine Medizin, die vor Rheumatismus und Nervenschmerzen schütze.

Dieser Aberglaube gründete sich (abgesehen von der Placebowirkung) auf keinerlei nachweisbare Heilwirkung, sondern nur auf eine Allegorie.

Da das Murmeltier, so meinte man, den ganzen Winter über in kalten und feuchten Erdhöhlen schläft und trotzdem kein Rheuma bekommt, müßte es dieses Öl sein, das es davor schützt. Und was dem Tier hilft, müsse auch für den Menschen gut sein.

Jäger und Wilderer töteten die possierlichen Tiere, wo sie sie fanden, und so wäre beinahe das eigentlich lebenerhaltende Öl zur Ursache der Ausrottung dieser Tiere geworden. Heute liefert die Arzneimittelindustrie zum Glück wirksame und preiswertere Produkte.

*

Die Untersuchung der Phänomene Aberglauben und Sprichworte am Beispiel der einbezogenen Tiere zeigt zwei wesentliche Aspekte:

1. Man sollte keinesfalls jede dieser »Volksweisheiten« als faulen Zauber abtun.
2. Im Irrgarten mystischer Verwirrungen, zwischen primitivem Symbolismus und echter Naturweisheit, gibt es einen sicheren Kompaß: Das Wissen um die Basis, auf der dies Gedankengut erwachsen ist.